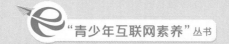
"青少年互联网素养"丛书

互联网简史
网络的前世今生

HULIANWANG JIANSHI
WANGLUO DE QIANSHI JINSHENG

主　编■王仕勇　张成琳

副主编■张又川　彭婧雯

西南师范大学出版社
国家一级出版社 全国百佳图书出版单位

图书在版编目（CIP）数据

互联网简史：网络的前世今生 / 王仕勇，张成琳主编 . -- 重庆：西南师范大学出版社，2020.12
（"青少年互联网素养"丛书）
ISBN 978-7-5697-0623-9

Ⅰ . ①互… Ⅱ . ①王… ②张… Ⅲ . ①互联网络—历史—世界—青少年读物 Ⅳ . ① TP393.4-091

中国版本图书馆 CIP 数据核字（2021）第 001707 号

"青少年互联网素养"丛书
策　划：雷　刚　郑持军
总主编：王仕勇　高雪梅

互联网简史：网络的前世今生
HULIANWANG JIANSHI: WANGLUO DE QIANSHI JINSHENG

主　编：王仕勇　张成琳　　副主编：张又川　彭婧雯

责任编辑：胡秀英
责任校对：雷　刚
装帧设计：张　晗
排　　版：重庆允在商务信息咨询有限公司
出版发行：西南师范大学出版社
　　　　　地址：重庆市北碚区天生路 2 号
　　　　　邮编：400715
　　　　　市场营销部电话：023-68868624
印　　刷：重庆升光电力印务有限公司
幅面尺寸：170mm×240mm
印　　张：8.75
字　　数：138 千字
版　　次：2021 年 5 月　第 1 版
印　　次：2021 年 5 月　第 1 次印刷
书　　号：ISBN 978-7-5697-0623-9

定　　价：30.00 元

"青少年互联网素养"丛书编委会

策　划：雷　刚　郑持军
总主编：王仕勇　高雪梅

编　委（按拼音排序）

曹贵康　曹雨佳　陈贡芳
段　怡　阿海燕　高雪梅
赖俊芳　雷　刚　李萌萌
刘官青　刘　娴　吕厚超
马铃玉　马宪刚　孟育耀
王仕勇　魏　静　严梦瑶
余　欢　曾　珠　张成琳
郑持军

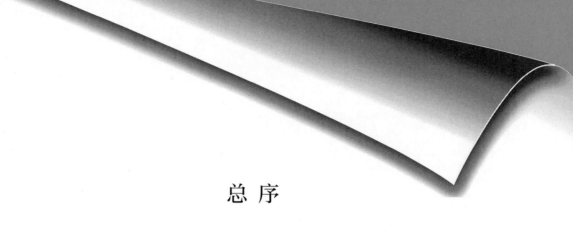

总 序

互联网素养：数字公民的成长必经路

  在一个风起云涌、日新月异的科技革命时代，互联网已经深刻地改变了，并将继续改变整个世界，其意义无需再赘言。我们不禁想起梁启超一百多年前的《少年中国说》："少年智则国智，少年富则国富，少年强则国强，少年独立则国独立，少年自由则国自由，少年进步则国进步，少年胜于欧洲则国胜于欧洲，少年雄于地球则国雄于地球。"

  今日之中国少年，恰逢互联网盛世，在互联网的包围下成长，汲取着互联网的乳液，其学习、生活乃至将来的工作，必定与互联网有着难分难解的关系。当然，兼容开放的互联网虚拟世界也不全是正面的，社会的种种负面的东西也渗透其中，如何取其精华而弃其糟粕，切实增进青少年的信息素养，已成为这个时代的紧迫课题。

  互联网素养已成为未来公民生存的必备素养。正确认知互联网及互联网文化的本质，加速形成自觉、健全、成熟的互联网意识，自觉树立正面、健康、积极的互联网观，在学习、生活、交友和成长过程中迅速掌握互联网技巧，熟练运用互联网技能，自觉吸纳现代信息科技知识，助益个人成长，规避不良影响，培育互联网素养，成为合格的数字公民，已成为时代、国家和社会对广大青少年朋友们提出的要求。

　　党和政府一直高度重视信息产业技术革命，高度重视青少年信息素养培育工作，高度重视营造良好的青少年互联网成长环境，不仅大力普及互联网技术，推动互联网与各行各业融合发展，而且将信息素养提升到了青少年核心素养的高度，并制定了《全国青少年网络文明公约》等法律规章，对青少年的互联网素养培育提出了殷切的希望。我们策划的这套丛书，正是响应时代、国家和社会的要求，将互联网素养与青少年成长相结合而组织编写的、成系列的青少年科普读物，包括了互联网简史、互联网安全、互联网文明、互联网心理、互联网创新创业、互联网学习、互联网交际、互联网传播、互联网文化多个方面主题。

　　少年强则国强，希望广大青少年朋友们能早日成为合格的数字公民，为建设网络强国，实现民族腾飞梦而贡献出自己的力量，愿广大青少年在互联网时代劈波斩浪！

雷　刚

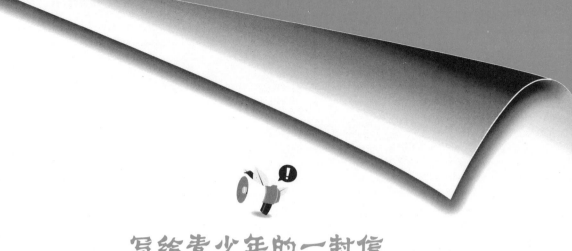

写给青少年的一封信

亲爱的青少年朋友：

你们好！

展信舒颜，开卷有益。书信曾在笔墨信札的时代将相隔两地的人们连结起来，而在网络技术蓬勃发展的信息时代，互联网以其强大的生命力连结起了整个世界，并对世界的政治、经济和文化等产生了革命性影响，推动了人类社会的整体进步。

我们伴随计算机和网络技术生活成长，早已将互联网视为日常生活和学习不可或缺的一部分。它是我们即时交流的社交工具，是我们学习讨论的知识论坛，也是我们休闲娱乐的理想乐园。那你对这个朝夕相处却又身份百变的"好朋友"知道多少呢？互联网是如何从无到有，又是怎样迅速发展起来的？它的未来又将走向何方？

本书将以简史的形式呈现出你们熟悉又陌生的互联网，包括各个发展阶段的互联网形态、互联网名人和互联网关键技术，以及基于互联网科技的发展对其未来进行的展望。第一章呈现互联网如何代表了一个新的文明纪元，讲述数次工业革命不仅为互联网的建立准备了思想基础，

更准备了物质基础。第二章讲述互联网的基础——计算。可以说，人类文明的发展高度取决于计算的速度和精度。第三章讲述互联网石破天惊的诞生历程。网络的建立突破了时空的障碍，开启了信息的全球化征程。第四章讲述互联网英雄人物，以硅谷的天才群体为中心，呈现计算机和互联网背后的人的伟大。第五章讲述了我们中国人是怎样迎接和走进互联网的，如何融入互联网文明之中的。第六章反思互联网的当下，展望互联网的未来，探讨互联网哲学。

正所谓知史明智，了解互联网的成长脉络与发展轨迹是我们提升互联网素养，智慧用网的重要环节。接下来，请跟随本书一起来解密互联网的"前世今生"吧！

目 录

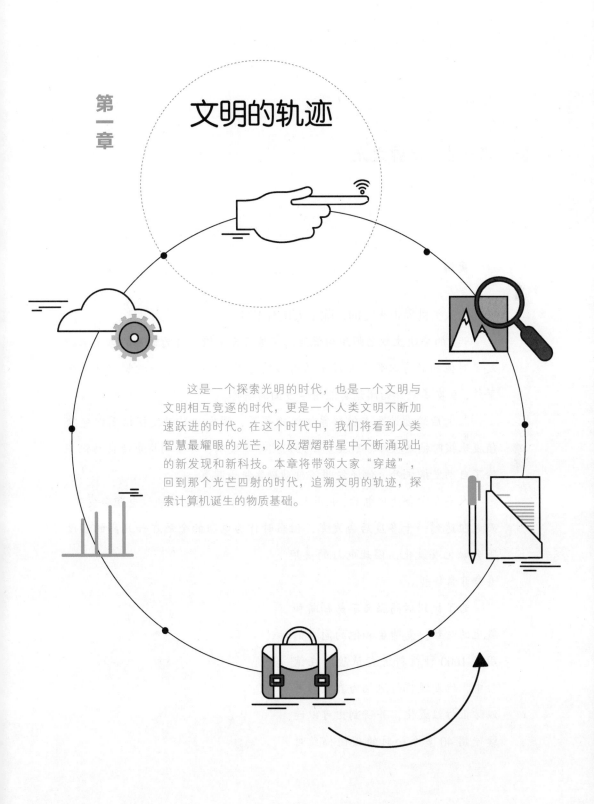

文明的轨迹

第一章

这是一个探索光明的时代，也是一个文明与文明相互竞逐的时代，更是一个人类文明不断加速跃进的时代。在这个时代中，我们将看到人类智慧最耀眼的光芒，以及熠熠群星中不断涌现出的新发现和新科技。本章将带领大家"穿越"，回到那个光芒四射的时代，追溯文明的轨迹，探索计算机诞生的物质基础。

▶ 第一节 世界之光

史海钩沉

为人类世界带来光的，除了火还有电灯。

8 岁的爱迪生被老师斥为低能儿而被赶出学校，作为教师的母亲承担起了对他的教育工作。在母亲的悉心培育下，爱迪生很小就能阅读文学著作，9 岁多便开始阅读自然科学方面的书籍。

长大后的爱迪生在铁路系统做报务员，因发明自动发报机器以免除值夜班报时被老板炒了鱿鱼。但他仍然热爱发明，并崇尚将事情自动化，除了自动发报机外，他还发明了自动投票机等装置。

人类在学会使用电后，也用电来进行照明。因为电流通过电阻会发热，而电阻达到一千多度后会发光，但当时作为电阻的金属在如此高的温度下会融化或氧化，因此电灯的使用寿命非常短暂。

为了找到耐高温又不易融断和氧化的灯丝，爱迪生和他的同事们用近 1600 种材料进行试验。在试验中，他发现将灯泡抽为真空后可以防止灯丝氧化，并研制出可以连续使用 40 多个小时的碳化棉丝灯

泡。但碳化棉丝的缺点是非常容易断裂。最终，经过不断改进，爱迪生和团队找到了熔点高达三千四百多度且不易氧化的钨丝，钨丝电灯可以使用一千小时以上。

爱迪生的电灯照亮了世界，也照亮了人类文明的一个崭新时代。

溯源揽胜

从野蛮时代到文明时代，人类文明的发展离不开科技的进步，而每一次科技的革新往往又伴随着一种新能源的发现。

火的发现让人类脱离了黑暗世界与茹毛饮血的野蛮时代，步入了原始文明。借助石器、弓箭和火，原始人类从事狩猎采集这一重要的生产活动，这是一种直接依靠大自然的被动劳动，对自然资源的开发和支配能力极其有限。

青铜器、铁器、陶器、文字、造纸术和印刷术等科技成果的出现标志着人类步入了农业文明时代。铁器农具助力人类从被动接受自然的赐予变成了主动索取与改造自然，极大地提高了人类对自然力和可再生能源的利用，同时，文字、纸张等的出现也让人类迈入了记载与传承智慧的时代。

煤成为新能源，得到广泛应用，是在18世纪60年代至19世纪40年代的第一次工业革命中。这一阶段，纺织机、蒸汽机、有线通信和无机化工材料、高炉炼钢技术等问世，开辟了科技进步和产业革新的新时代。瓦特制造了第一台实用型蒸汽机，将人类文明推入一个崭新的时代。

第二次工业革命始于19世纪60年代后期，使得石油和电力成为新能源，发动机、内燃机、汽车、飞机、转炉炼钢、有机化工材料、电话及无线电通信的诞生也加速了世界经济的发展和人类文明的进步，人类由此进入电气时代。

第三次工业革命即第三次科技革命，始于20世纪四五十年代。原子能等成为能源"新宠"，计算机、集成电路、光纤通信、基因工程、自动化技术、柔性加工系统诞生，推动了世界科学技术的飞跃和产业结构的变革。

20世纪80年代以来，微电子技术、信息技术、生物技术、新材料技术、新能源技术、空间技术、海洋技术、人类生命科学技术和载人航天技术等高新技术产业迅速崛起，新科技革命正推动着第四次产业革命的浪潮。

 知史明智

火的发现让人类脱离了黑暗世界与茹毛饮血的野蛮时代；文字的出现，让人类迈入了记载与传承智慧的文明时代；蒸汽机的发明，为人类开启了工业世界的大门；电的使用和普及宣告了电气时代的来临；计算机的出现让自动计算变为现实；互联网的诞生为人类提供了新的通信手段和资源共享渠道，深刻改变了世界的发展进程，成为人类文明史上一道耀眼的光芒……可以说，人类历史的每一次进步都与一种新的能源的发现密不可分。

能够提供能量的资源统称为"能源"。能源广泛存在于自然界之中，伴随着人类智慧的提高而被发现和利用，能够直接为人类的生产生活带来能量，强有力地推动人类社会的进步与发展，因此，每一种新能源的发现和利用都与人类文明密不可分。

能源按照来源可分为三大类：一是来自太阳辐射的能量，如煤、石油、天然气、油页岩、生物燃料、水能和风能等；二是来自地球本身的能量，如地热能、原子核能；三是月球、太阳对地球的引力及相互间位置的变化产生的能量，如潮汐能。我们利用天然气煮饭，利用热能取暖，利用电能使用各种家用电器和娱乐电子设备，闲暇时与家人一同泡温泉放松身心……这些都是我们日常生活中使用得非常广泛的能源。在社会生产领域，能源可以直接影响一个产业甚至人类社会的生存与发展，例如煤、石油等。

煤是古代植物埋藏在地下，经过复杂的生物、物理、化学变化所形成的固体可燃性矿物。作为 18 世纪以来人类世界使用的主要能源之一，煤一度曾享有"黑色的金子""工业的食粮"等美誉，与之媲美的是"工业的血液"——石油。石油作为一种重要资源和战略储备物资，还曾成为历史上多次战争的导火索。与煤一样，石油也需经过漫长的地质变迁才

能形成，储存量有限且不可再生。此外，过度使用化石燃料，还会对自然环境造成灾难性伤害。因此，这些能源并不是取之不尽用之不竭的，也并不是有百利而无一害的，倘若过分依赖这些能源，待到能源消耗殆尽，人类世界又将何去何从？

越来越多的国家意识到非再生矿物能源的枯竭可能带来危机，纷纷加强对新兴能源技术的探索。未来，人类将不断突破技术瓶颈，以核能、水能、生物能、太阳能、风能、地热能、海洋能等新能源逐步取代化石能源，寻求人与大自然的可持续发展。

既然新能源拥有广阔的利用前景，那究竟什么是新能源呢？它有什么特征呢？其应用现状和未来发展又是怎样的呢？

新能源是与常规能源相区分的。按照开发和利用状况分类，技术上较成熟且被大规模使用的称为常规能源，如煤、石油、天然气、水力、电力等，而像太阳能、风能、现代生物质能、地热能、海洋能以及氢能等尚未大规模使用并处于开发阶段的能源则被称为新能源，也叫非常规能源。与常规能源相比，新能源具有资源丰富、普遍具备可再生特性、对环境影响小、分布广等优势，但也有着能量密度低、开发利用成本较高等缺点。

目前，部分可再生资源的利用技术已经取得成果，并在世界各地逐渐被推广和应用，如生物质能、太阳能、风能以及水力发电、地热能等。

随着世界各国对环境保护的日益重视和对节能减排的大力倡导，新能源快速崛起，各国纷纷出台鼓励开发新能源的相关政策。

未来，我国的新能源发展战略分为三个发展阶段：第一阶段到 2010 年，实现部分新能源技术的商业化；第二阶段到 2020 年，大批新能源技术达到商业化水平，新能源占一次能源总量的 18% 以上；第三阶段是全面实现新能源的商业化，新能源大规模替代化石能源，到 2050 年，在能源消费总量中新能源至少达到 30%。在国家政策的大力推动之下，我国的新能源发展已经超越起步阶段，步入成熟发展阶段，目前发展态势位于前列的新能源为风能、电能、太阳能等，然而，新能源的总体利用率在能源占比中仍然偏低，利用成本偏高是制约新能源大规模使用的主要因素。因此，未来新能源发展需要重点突破技术障碍、降低利用成本，并综合考虑市场等诸多因素，这也是我国加强生态文明建设、推进新型工业化进程的题中应有之义。

机器将参与许多事务，而不是只靠人类手工来完成，女裁缝师操劳于缝纫机上的日子将一去不复返。

——美国电学家和发明家 爱迪生

对于科学家来说，不可逾越的原则是为人类文明而工作。

——英国近代生物化学家、科学技术史专家 李约瑟

▶ 第二节　文明竞争

史海钩沉

　　1736 年，瓦特出生在苏格兰一个机械工匠世家。长大后的瓦特在工厂做过短工、在钟表店当过学徒，还在大学负责修理教学仪器，也正是这些经历，让他积累了丰富的机械修理知识。

　　一次，瓦特接到修理纽科门蒸汽机的任务，这是世界上最早的蒸汽机。在修理过程中，瓦特发现纽科门蒸汽机因气缸时冷时热导致蒸汽利用率低，因活塞活动断断续续导致速度慢还容易漏气。他由此产生了改良蒸汽机的念头。瓦特认真研究了蒸汽机的结构和工作原理，并经常与大学的教授们进行讨论，为之后的改进工作奠定了理论基础。

　　瓦特很快获得了新的蒸汽机发明专利，但这并不意味着他的蒸汽机改良之路是一帆风顺的。1773 年，瓦特接连遭遇人生重大打击——事业上的资助者约翰·罗巴克破产以及妻子去世。就在瓦特决定带着六个未成年的孩子奔赴俄国时，一名叫马修·博尔顿的工厂主挽留了他。

在重视专利保护的英国，瓦特的蒸汽机发明专利具有较大的价值。马修·博尔顿以1200英镑从罗巴克手中买到了专利份额，并全力支持瓦特改良蒸汽机。1781年，瓦特终于制造出了双动蒸汽机（又称万能蒸汽机）。这种从两边推动活塞的蒸汽机极大地提高了蒸汽的利用率，其工作原理一直沿用至今。

瓦特改良的蒸汽机很快被推广到全世界，并被广泛应用于采矿、纺织和冶金行业，极大地推动了工业的发展和人类文明的进步。为了纪念瓦特，人们把功率的单位定为"瓦特"。

溯源 揽胜

16世纪以来，英国经济就已经开始表现出快速向前跃进的势头，但真正将英国推向世界前沿的是18世纪60年代开始的英国工业革命。这场革命以棉纺织业的技术革新为开端，以瓦特蒸汽机的改良和广泛使用为枢纽，以19世纪三四十年代机器制造业机械化的实现为基本完成的标志。

相较于在英国最发达却又最受政府严格控制的毛纺织业，新兴的棉纺织业没有传统的阻碍，反而具备良好的技术革新环境。18世纪以前，英国棉纺织业面临着原料靠进口、技术落后的艰难处境，为求生存，一场势在必行的技术革命在棉纺织业中开始了。

随着棉纺织机的发明和推广，原来依靠的人力、畜力、水力等动力已经不能满足新形势下的生产需求，蒸汽机虽然已经被发明出来，但笨重且效率低，只能在矿井中使用，难以推广到其他行业。在此背景之下，蒸汽机的革新成了一种迫切的需要。詹姆斯·瓦特总结了前人的经验，经过多次试验和不断改进，终于制成了万能蒸汽机。

瓦特改良的蒸汽机最早应用于轻工业。1782年，韦奇伍德的伊特鲁里亚陶瓷厂大规模采用博尔顿和瓦特的铸造厂生产的联协式蒸汽机，以及伯明翰厂生产的动力机床，进行机械化陶瓷生产。随后，蒸汽机又陆续用于棉纺织业、冶金业、采矿业、交通运输业等。1784年英国建立了第一座蒸汽纺纱厂，1814年英国工匠乔治·史蒂芬森研制出第一台蒸汽机车……瓦特改良的蒸汽机不仅推动了相关行业的机械化，也是人类第一次工业革命的重要标志，它使人类由以人力为主的手工劳动时代进入了机器大生产的蒸汽时代。

英国工业革命持续了近一百年，在此期间，各工业部门相互促进和推动，从轻工业到重工业、从工作机到发动机都发生了连锁反应，最终形成了一个机器生产的完整体系。它不仅使得英国的社会生产力迅猛发展，而且使英国成为世界第一工业大国和全球性帝国，它所取得的技术成果和经验惠及西欧和北美、东欧和亚洲。

1825年，英国解除机器输出的禁令，机器大量出口，新兴技术和技术人员向外流动，这直接导致其他资本主义国家工业革命周期的缩短。同时，英国工业革命也深刻影响了人类的技术革新。继蒸汽机发明后，其他动力技术也不断被发掘出来——叶轮机、汽油发动机、电动机等相继诞生，与此同时，伴随而来的还有汽车、飞机等的发明。可以说，工业革命的过程是技术不断革新、发明促进发明的过程，也是人类文明不断加速和跃进的过程。

知史
明智

亚历山大大帝通过战争消除了古代世界的闭塞，促进了东西方文化的交流和经济的融合。战争在一定程度上推动了文明的交流，而技术的发展和革新是在根本上促进人类文明的整体进步和跃进。1851年，英国在伦敦举办了第一届世界博览会，向世界展示其工业革命的成功，并宣告英国"荣光"时代的到来。通过英国崛起的历史，我们可以清晰地看到科学技术对一个国家的繁荣富强起到的关键作用。

正如科技革命将英国推向世界第一工业大国的位置，也正是新一轮的科技革命让英国将世界的主导权交付给科技取得重大发展的美国。这

第一章 文明的轨迹

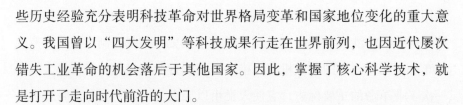

些历史经验充分表明科技革命对世界格局变革和国家地位变化的重大意义。我国曾以"四大发明"等科技成果行走在世界前列，也因近代屡次错失工业革命的机会落后于其他国家。因此，掌握了核心科学技术，就是打开了走向时代前沿的大门。

科学技术是第一生产力，国家之间的竞争既是文明的竞争，也是科技力量的角逐，更是人才的竞争。我们设想一下，假如 1773 年陷入人生低谷的瓦特去了俄国，那对于英国而言该是何等的损失？挽留下瓦特的人虽然是马修·博尔顿，但起根本作用的还是英国对科技的崇尚、对专利的保护和对人才的重视，毕竟吸引马修·博尔顿的是瓦特手中持有的新蒸汽机发明专利。英国早在 16 世纪就开始实行专利法，并非常认真地保护专利，由此吸引了欧洲的科学家们在此聚集，并引发了社会对发明和发明家的狂热崇拜，马修·博尔顿便是发明技术的崇拜者。英国工业革命的兴起既有瓦特被留下来的偶然性，也有英国重视科技、保护科技人才的必然性。

进入 21 世纪，科技的能量空前活跃，新一轮的科技革命蓄势待发。"科学技术从来没有像今天这样深刻影响着国家前途命运，从来没有像今天这样深刻影响着人民生活福祉。"习近平总书记曾在全国科技创新大会上这样强调科学技术的重要意义。科技兴则民族兴，科技强则国家强，迈入世界科技强国的行列需要科技的不断创新，也需要对科技人才的重视和保护。

你知道什么是前沿科技吗？前沿科技就是基础理论和高技术领域中的那些具有前瞻性的、先导性的和探索性的重大理论和技术。这些技术引领着国家未来的发展，以及未来技术的更新换代，包括新兴产业的发展。2019 年 1 月 2 日阿里巴巴达摩院发布了《2019 十大科技趋势》，我们可以通过这份报告"触摸"一下科技在当下和未来演进的脉搏。

趋势 1：城市实时仿真成为可能，智能城市诞生

城市公共基础设施的感知数据与城市实时脉动数据流将汇聚到大计算平台上，算力与算法发展将推动视频等非结构化信息与其他结构化信息实时融合，城市实时仿真成为可能，城市局部智能将升级为全局智能，未来会出现更多的力量进行城市大脑技术和应用的研发，实体城市之上将诞生全时空感知、全要素联动、全周期迭代的智能城市，大大推动城市治理水平的优化提升。

趋势 2：语音 AI 在特定领域通过图灵测试

随着端云一体语音交互模组的标准化、低成本化，会说话的公共设施会越来越多，未来每一个空间都至少会有一个可以进行语音交互的触点。随着智能语音技术的提升，移动设备上的实时语音生成与真人语音可能将无法区分，甚至在一些特定对话中通过图灵测试。针对这一领域的规则甚至法律会逐步建立，引导行业走向规范化。

趋势 3：AI 专用芯片将挑战 GPU 的绝对统治地位

当下数据中心的 AI 训练场景下，计算和存储之间数据搬移已成瓶颈，新一代的基于 3D 堆叠存储技术的 AI 芯片架构成为趋势。AI 芯片中数据带宽的需求会进一步推动 3D 堆叠存储芯片在 AI 训练芯片中的普遍应用。而类脑计算芯片也会在寻找更合适的应用中进一步推动其发展。在数据中心的训练场景，AI 专用芯片将挑战 GPU 的绝对统治地位。真正能充分体现 Domain Specific 的 AI 芯片架构还是会更多地体现在诸多边缘场景。

趋势 4：超大规模图神经网络系统将赋予机器常识

单纯的深度学习已经成熟，而结合了深度学习的图神经网络将端到端学习与归纳推理相结合，有望解决深度学习无法处理的关系推理、可解释性等一系列问题。强大的图神经网络将会类似于由神经元等节点所形成网络的人的大脑，机器有望成为具备常识，具有理解、认知能力的 AI。

趋势 5：计算体系结构将被重构

无论是数据中心或者边缘计算场景，计算体系将被重构。未来的计算、存储、网络不仅要满足人工智能对高通量计算力的需求，也要满足物联

网场景对低功耗的需求。基于 FPGA、GPU、ASIC 等计算芯片的异构计算架构，以及新型存储器件的出现，已经为传统计算架构的演进拉开了序幕。从过去以 CPU 为核心的通用计算而走向以应用驱动（Application-driven）和技术驱动（Technology-driven）所带来的 Domain Specific 体系结构的颠覆性改变，将加速人工智能甚至是量子计算黄金时代的到来。

趋势 6：5G 网络催生全新应用场景

第五代移动通信技术将使移动带宽大幅度增强，提供近百倍于 4G 的峰值速率，促进基于 4K/8K 超高清视频、AR/VR 等沉浸式交互模式的逐步成熟。连接能力将增强至百亿级，带来海量的机器类通信及连接的深度融合。网络向云化、软件化演进，网络可切片成多个相互独立、平行的虚拟子网络，为不同应用提供虚拟专属网络，加上高可靠、低时延、大容量的网络能力，将使车路协同、工业互联网等领域获得全新的技术赋能。

趋势 7：数字身份将成为第二张身份证

生物识别技术正逐渐成熟并进入大规模应用阶段。随着 3D 传感器的快速普及、多种生物特征的融合，每个设备都能更聪明地"看"和"听"。生物识别和活体技术也将重塑身份识别和认证，数字身份将成为人的第二张身份证。从手机解锁、小区门禁到餐厅吃饭、超市收银，再到高铁进站、机场安检以及医院看病，靠脸走遍天下的时代正在到来。

趋势 8：自动驾驶进入冷静发展期

单纯依靠"单车智能"的方式革新汽车，在很长一段时间内无法实现终极的无人驾驶，但并不意味着自动驾驶完全进入寒冬。车路协同技术路线会加快无人驾驶的到来。在未来 2 至 3 年内，以物流、运输等限定场景为代表的自动驾驶商业化应用会迎来新的进展，例如固定线路公交、无人配送、园区微循环等商用场景将快速落地。

趋势 9：区块链回归理性，商业化应用加速

在各行业数字化的进程中，物联网技术将支撑链下世界和链上数据的可信映射，区块链技术将促进可信数据在流转路径上的重组和优化，从而提高流转和协同的效率。在跨境汇款、供应链金融、电子票据和司法存证等众多场景中，区块链将开始融入我们的日常生活。随着"链接"价值的体现，分层架构和跨链互联将成为区块链规模化的技术基础。区块链领域将从过度狂热和过度悲观回归理性，商业化应用有望加速落地。

趋势 10：数据安全保护技术加速涌现

各国政府都会趋向于推出更加严厉的数据安全政策法规，企业将在个人数据隐私保护上投入更多力量。未来几年，黑客、黑产攻击不会停止，但数据安全保护技术将加码推出。跨系统的数据追踪溯源相关的技术，比如水印技术，数据资产保护的技术以及面向强对抗的高级反爬虫技术等将得到更加广泛应用。

历史回声

科学尊重事实，服从真理，而不会屈服于任何压力。

——中国生物学家、教育家　童第周

什么知识最有价值，一致的答案就是科学。

—— 英国哲学家　赫伯特·斯宾塞

第三节　声光电革命

史海钩沉

莫尔斯电码

　　是由点、划两种符号组成的，点、划所占的时间长度有一定的标准，即：

　　1. 一点为一个基本信号单位，一划的时间长度应等于三点的时间长度，相当于三个基本信号单位。

　　2. 在一个字母和数字内，各点、划之间的时间间隔应等于一点的时间长度。

　　3. 字母（数字）与字母（数字）之间的时间间隔为七点的时间长度。

　　由于各字符的电码长短不一，因而莫尔斯电码也被叫作"不均匀电码"。

　　1832 年，一艘邮船从法国北部驶向纽约，画家莫尔斯也在船上。他此行的目的是去往纽约为拉法耶特侯爵画像，这是一笔价值 1000 美元的大订单。结束纽约的任务后，莫尔斯又去往了首都华盛顿，而恰在这时，父亲的一封来信打断了他手头的工作，信中称他的妻子病倒了。莫尔斯心急如焚，立即动身赶回老家纽黑文，而长达 500 公里的路程耗费了他大量时间，以至于他赶到家中时妻子已经下葬。

　　未能见到妻子最后一面让莫尔斯深受打击，他放下画笔开始研究如何快速传递信息。彼时正值电磁学兴起，莫尔斯虽是一名画家，却有着扎实的电磁学基础。他从电磁学学者查尔斯·杰克逊的电学实验中得到启发，决心研制一种利用电传输信息的装置，而这就面临着要解决两大问题，一是将信息转变为电信号，二是将电信号传到远方。

莫尔斯设想用点、划来表示字母和数字，且两者占据的时间长度有一定的标准，这就是电信史上最早的编码，被称为莫尔斯电码。电码发明后，莫尔斯又研制出点线发报机，为电码的传输提供载体。

1844 年 5 月 24 日，莫尔斯接通电报机，开始发出电文，远在 64 公里外的巴尔的摩城收到了历史上第一份电报："上帝创造了何等的奇迹。"试验的成功揭开了人类通信史上伟大的一页，莫尔斯发明的电报迅速在全球得到应用。

溯源 揽胜

日本电影《生存家族》描绘了全世界停电，全球的生产生活陷入瘫痪的场景。依赖生活中各种电器而生存的我们，是难以想象和接受没有电的生活的。虽然人类使用电只有一百多年，但电带动人类进入了一个快速发展和繁荣的时代。

电一直存在，天上有雷电，生活中有静电，而摩擦也能生电。通过摩擦生电的原理，1663 年，德国科学家奥托·格里克设计了一个摩擦生电机，这是一个通过在转轴上安装硫磺球，一只手转动转轴，一只手摩擦硫磺球而产生电的装置。他的设计无法产生静电荷，因为人本身就是导体，摩擦产生的那点儿电早就被人体带走了。

> **静电荷**：一种处于静止状态的电荷。
>
> **导体**：电阻率很小且易于传导电流的物质。
>
> **绝缘体**：不善于传导电流的物质，又称为电介质。它们的电阻率极高。

在格里克的启发下，英国科学家弗朗西斯·霍克斯比用抽气泵把玻璃球抽成真空，利用玻璃壳外的静电现象，进行了人类第一次辉光放电实验，这一实验让人类真正了解了静电荷。

而人类对电的本质和特性的研究始于莱顿瓶的发明。莱顿瓶是一个玻璃容器，内外包覆着导电的金属箔，瓶塞是绝缘的，瓶口上端接一个球形电极，下端利用导体与内侧金属箔相连，从而达到存取电量的目的。莱顿瓶虽然可以储存一点儿电量，但摩擦产生的电仍然太少。为了获得

更多电，意大利物理学家伏特发明了电池，将锌板和铜板浸泡在盐水中，使得两个金属板之间产生电。伏特的发明保证了电气研究的起步，至今，"伏特"仍是电压的单位。

伏特电池为科学家们的实验提供了保障，而真正将其他能源转为电能的是发电机，将电能转换为机械能的是电动机，这两种装置都建立在电磁学理论之上。法国著名物理学家安培总结出了安培右手定律等电磁学定律，并提出了分子电流假说，创立了电动力学，他还发明了可以测量电流大小的安培表，安培的名字也被用作电流单位。在安培的发明的基础上，英国科学家和发明家法拉第和美国发明家亨利几乎同时各自独立地发现了电磁感应现象，这一研究成果直接导致了实用电动机和发电机的诞生。

真正推动电的使用和普及的是爱迪生、尼古拉·特斯拉。爱迪生改进了电灯中的灯丝，推出了可以使用1000小时以上的钨丝灯泡。为了广泛推广，他创办照明公司，修建电厂，铺设电路，发明了许多与电有关的产品，并将这些发明整合，成立"爱迪生通用电气公司"。后来爱迪生通用电气公司与汤姆森·休斯顿电气公司合并为"通用电气公司"。西屋电气公司是爱迪生公司强有力的竞争对手，它的创始人乔治·威斯汀豪斯和美籍奥匈帝国发明家尼古拉·特斯拉统一了美国交流电的标准。

爱迪生的电灯点亮了世界，也宣告了电的时代的到来。

知史明智

19世纪末20世纪初，电成为工业化国家的重要动力来源，革新了传统产业，也推动着整个世界的进步。

电梯的出现让万丈高楼平地起变为现实，也推动了城市化的整体进程；电车、地铁的出现促进了城市公共交通的发展，为现代化大都市的建立奠定了基础；电在金属和合金的制造方面的应用带动了航天航空工业的发展；化工产品、农业用品、生活用品等的大规模生产都离不开电。不仅如此，电还催生了各类电器的发明，如电话、电报、电灯、留声机、电影放映机、收音机等，这些电器大大提高了我们的生产生活水平，其中电影放映机等的发明带来的直接结果是娱乐产业的出现。在所有电器中，计算机无疑是对社会影响最为巨大和深远的，它的诞生直接带领人们步入了信息时代。

人们对计算的研究由来已久，中国的算盘可算得上是一台手工计算机，欧洲的机械计算机由齿轮转动完成运算，而电子计算机可以说是电、电报、信息学、系统学等一系列技术和理论的集成者。

莫尔斯发明的电报让信息可以传送至千里之外，开创了通信史的新时代，他所创造的莫尔斯电码是数字化通信的早期形式，奠定了计算机通信技术的基础。乔治·布尔发明了二进制编码，克劳德·香农将二进制转换为机器语言，并提出了"信息熵"的概念，为信息论和数字通信奠定了基础。英国数学家阿兰·麦席森·图灵则直接推动了算法与计算机建立联系，他所描绘的"图灵机"就是一种抽象的计算模型。根据图灵理论，科学家们开始设计计算机，冯·诺依曼提出了计算机的系统结构，认为自动计算机应包含计算器、控制器、存储器和输入输出设备，并由程序进行控制，也就是说计算机包含硬件和软件两个部分。

至此，计算机诞生与发展所需的技术和理论基础基本准备就绪。

网事 拾遗

电报的发明虽然开启了人类即时通信的时代，但电报的重大意义在当时并没有引起人们的广泛重视，且由于电报的成本较高，导致电报诞生之初的利用率和普及率非常低。新闻记者是推动电报普及的重要力量。

电报最开始用于传播重要的、时效性要求较高的新闻。几分钟就能将一篇新闻传输到几百公里之外的优势让电报迅速成为新闻界的宠儿，尤其是在19世纪60年代的美国南北战争时期，电报将传输新闻的迅捷性发挥到了极致。不过，由于当时电报属于新发明，技术不稳定且时常

发生故障，而传统的消息是按照时间顺序来发送的，这就导致电报末尾的重要新闻可能因为设备故障而无法传输完整。为了避免这类突发情况，新闻记者开始把最重要的新闻放在前面，以保障报社能收到最新消息，倒金字塔的新闻写作结构也随之诞生，至今仍被广泛采用。

19 世纪 40 年代，随着越来越多的记者深入一线通过电报发回新闻给报社，世界各地纷纷组建起国内电报通信系统，因以电报通信技术为依托，通讯社也被称为电报通讯社。1848 年，纽约六家报纸《纽约先驱报》《纽约太阳报》《纽约论坛报》《纽约商业日报》《快报》《纽约信使及问询报》的代表举行联席会议，决定在纽约成立两个合作性新闻搜集机构，最终成型的只有"港口新闻社"。六家报社的记者采访到的新闻不仅向自己的报社供稿，还通过电报出售给其他城市的报社。这就是美国联合通讯社的前身。

1851 年，在巴黎和伦敦之间的电报畅通后，路透社创始人保罗·朱利叶斯·路透将营业所迁往英国，利用刚启用的英吉利海峡海底电缆向英国传输欧洲大陆的股市行情，并换取英国股市的信息。1858 年，路透社开始为英国最具影响力的《泰晤士报》提供电报新闻。

随着通讯社的不断发展，电报线路也从欧洲延伸到北非、印度、澳大利亚、美洲等，全球的电报通信网络逐渐铺设起来。

1. 计算机没有什么用处，它们唯一能够做的就是告诉你答案。

——画家　帕布罗·毕加索

2. 今天大部分的软件都很像上百万块砖堆叠在一起组成的埃及金字塔，缺乏结构完整性，只能靠强力和成千上万的奴隶完成。

——图灵奖获得者、面向对象编程语言的创始人　艾伦·凯

3. 好的软件的作用是让复杂的东西看起来简单。

——统一建模语言创始人之一　Grady Booch

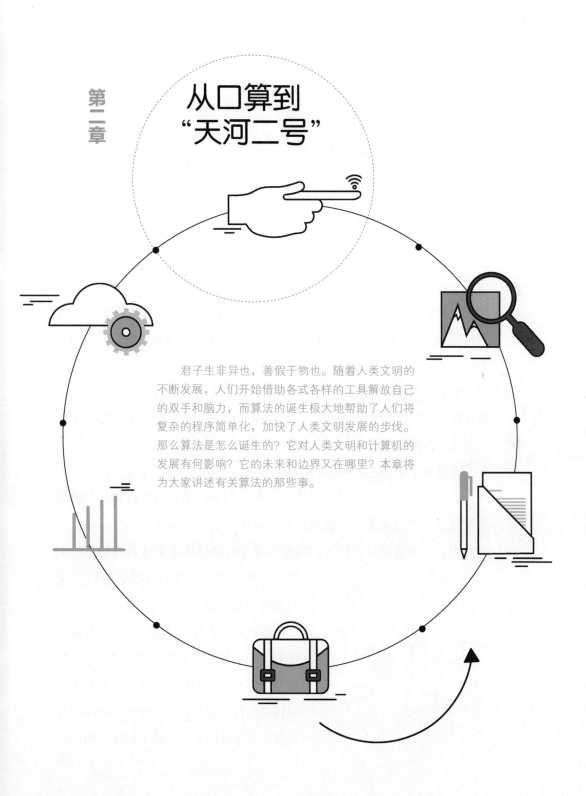

从口算到
"天河二号"

第二章

君子生非异也，善假于物也。随着人类文明的不断发展，人们开始借助各式各样的工具解放自己的双手和脑力，而算法的诞生极大地帮助了人们将复杂的程序简单化，加快了人类文明发展的步伐。那么算法是怎么诞生的？它对人类文明和计算机的发展有何影响？它的未来和边界又在哪里？本章将为大家讲述有关算法的那些事。

▶ ## 第一节　谁需要计算？

史海钩沉

　　计算是人类与生俱来的思维方式，生活中人们几乎每天都需要和计算打交道。在互联网时代，计算机早已普及，那么在计算机被发明之前，中国古人是如何进行计算的呢？

　　数百万年前，人类最早的计算工具便是我们的四肢。人们可以用手指计算较为简单的数字。当然，十以内的计算还行，超过了就不好算了，于是人类开始寻找其他外在工具进行计数。

　　在没有文字的古代中国，结绳记事是很平常的事情。《易·系辞下》："上古结绳而治，后世圣人易之以书契，百官以治，万民以察。"唐朝孔颖达说："结绳者，郑康成注云，事大大结其绳，事小小结其绳，义或然也。"讲的就是古代人们用在绳子上打结的方法来计数与记事，大事打一个大结，小事打小结，事件办完后就解掉那个结。

　　古代印加人擅长结绳记事，"奇普"便是其中一种记事方法。"奇普"记事方法是由多种颜色的绳结编成的一种方式，虽说已失传，但科学家们仍在不断探究其奥秘，认为这种方法不限于记账层面。

古人还会使用小石子、贝壳等其他工具来计数。例如，人们用石子来统计自己拥有的牛和羊的总数目，有多少只，便有多少块石头。而贝壳由于其形状、大小与颜色各有不同，精致的外观可以表达更多且更为丰富的含义，所以贝壳很自然地成了那时人们之间商品交易的货币。

后来，我国古人在长期使用算筹（多个小木棍）的基础上发明了算盘，即使到了如今互联网高度发达的年代，算盘仍是我们中国人用以计算的方法之一。

互联网和计算有关系吗？让我们进入下一节吧。

溯源
揽胜

人类的计算工具历经从简单到复杂的逐步演化：从当初的结绳记事到当下我们日常生活中普遍使用的电脑，再到"天河二号"等超级计算机系统。可见，计算与人类发展密不可分，计算工具的不断创新造就了人类文明的辉煌。

而我们现在使用的互联网技术正是基于计算机的发展而产生的，要想了解互联网，还得从计算机的发展说起。

1622 年英国数学家奥特瑞德设计了计算尺，1642 年法国物理学家帕斯卡发明了机械齿轮式加减法器，1674 年德国数学家莱布尼茨发明了乘法器，创造了能进行四则运算的机械式计算机，随后差分机、分析机相继出世。1936 年美国科学家霍华德·艾肯提出用机电方法来实现巴贝奇分析机，并于 1944 年制造出 Mark I 计算机。终于在 1946 年，世界上第一台有实用价值的电子计算机埃尼亚克（ENIAC）诞生，宣告了信息时代的到来。

起初电子计算机的应用领域为军事研究中的科学计算，随后晶体管计算机的运用拓展到数据处理和工业控制方面。由于计算机的不断发展，它从最开始体积十分巨大，缩小为我们现在能随身携带的笔记本电脑。在小学课程中，我们就开设了信息与技术的课程，老师教会我们如何去使用电脑，如何进行简单的编辑操作。现在许多家庭中也会配置台式电脑、笔记本电脑、平板等，电脑的使用涉及我们每一个人的生活。

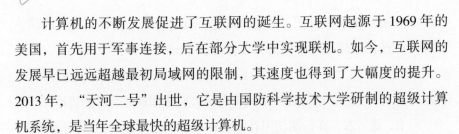

计算机的不断发展促进了互联网的诞生。互联网起源于 1969 年的美国，首先用于军事连接，后在部分大学中实现联机。如今，互联网的发展早已远远超越最初局域网的限制，其速度也得到了大幅度的提升。2013 年，"天河二号"出世，它是由国防科学技术大学研制的超级计算机系统，是当年全球最快的超级计算机。

在日常生活中，我们青少年也可以使用互联网查阅学习资料，登录腾讯 QQ、微信等社交媒体与亲人、老师及朋友取得联系，及时互动和沟通。同时，可以在网上搜寻自己喜欢的歌曲和电影，或者浏览最新的新闻与评论。

知史明智

计算技术与计算能力促进了人类文明的进步，对人类社会发展有重要意义。

从国家层面上看，先进的计算技术有效地加快了一个国家的经济发展速度。如今，基于计算技术的互联网产业发展如火如荼，例如支付宝、云闪付、微信支付等即时在线支付软件，淘宝、京东、天猫等购物平台，抖音、快手、微视、火山小视频等短视频平台，今日头条、网易新闻等新闻 APP 客户端。同时，互联网的运作需要大量的物力、人力的支持。一方面，互联网增加了传统产业的生产需求，拉动各个领域之间在资源供给上的买卖。另一方面，互联网的建设需要人力，这就产生了大量的工作岗位。例如小明爸爸原本从事服装行业，由于市场竞争压力大、销售不好而常常苦恼，但就在互联网带动电商产业发展的契机下，小明父亲果断进军淘宝市场，最终成了网络销售中第一批"吃螃蟹"的人。

从社会层面上看，计算技术改变了人们的交流与沟通方式。基于计算技术的新媒体的应用，使得我们每个人都能通过手机、电脑、平板等随时随地进行联系与沟通，极大地拉近了人与人之间的距离。例如小强的朋友去美国读书了，虽然两人分居两地，相隔甚远，但每个周末他们都可以通过拨打微信视频电话来进行沟通，相互分享目前的生活和学习趣事。如果父母出差到外地，我们也能够通过微信发语音、编辑文字和发表情包来进行沟通，父母也能够和老师进行实时对话来了解我们的学习情况。虽然我们之间的距离很远，但世界就如同一个"地球村"。

从个人层面上看，拥有良好的计算能力将受益终身。随着计算器、电脑等计算工具的广泛普及，社会生活对人们拥有计算技能的要求正在逐步降低，但这并不影响我们对于数字计算能力的培养。学习方面，计算不仅是属于数学的学习范畴，它同时涉及物理、化学、生物等多学科，而耳熟能详的奥数、珠心算等正是锻炼我们的计算思维和计算习惯的方法。工作方面，计算能力是部分理工科专业的求职必备技能。社会中，计算机、人工智能、会计、土木工程、机械工程等相关工作，需要应聘者具有较好的计算能力和一定的计算准确性，甚至部分企业会以笔试的方式进行测验。生活方面，计算是每个人不可或缺的生存技能。例如我们购买、销售商品时需要计算支付的费用；在组织活动时，需要计算参与人数或者礼品数量；在旅游时，需要计算各项费用以控制开销等。

1. 大数据

大数据是时下的热门话题，是一种无法在一定时间范围内用常规软件工具进行捕捉、管理和处理的数据集合，具有数据量大、速度快、类型多、价值密度低、真实性的特点。我们通过多台电脑搜集大量数据，智能化地分析数据，从而以最优的方式解决和处理问题。大数据的关键不在于搜集数据，而在于如何智能化地处理信息，从中获得更大的价值。

2. 互联网 +

"互联网 +"是互联网思维的进一步实践成果，它不断地推动社会经济形态的发展，同时为改革、创新、发展提供更广阔的平台。"+ 互联网"与"互联网 +"是有区别的，"+ 互联网"

是将内容发布到网上，而"互联网+"就是"互联网+各个传统行业"，但这并不是简单的两者相加，而是利用信息通信技术以及互联网平台，让互联网与传统产业进行深度融合，从而全面提升社会的创新力和生产力，实现广泛的以互联网为基础设施的经济发展。

3. 智慧城市

"智慧城市"这个概念起源于传媒领域，它是指利用各种互联网信息技术或创新概念，将城市系统和服务打通，改善大家的生活质量，更好地管理我们美丽的城市。目前，推进智慧城市的主要地区有北京、上海、宁波、广州、深圳等，其中杭州堪称全球移动支付普及程度最高的城市，基本上一部手机就可以解决所有日常生活的相关需求。例如我们青少年在超市、便利店等地方购物，只需要用手机扫一下二维码就能付款，打出租车、医院看病预约、充电费水费等都可以直接通过手机连接互联网操作。

我们通过连接把自己变成了一种新的更强大的"物种"，互联网重新定义了人类对于自身存在的目的。

——《失控》作者　凯文·凯利

我想要做的事就是实现这些系统的在线连接，那么你在某个地区使用一台系统时，你还可以使用位于另一个地区的其他系统，就像这台系统也是你的本地系统一样。

——互联网之父　罗伯特·泰勒

我们确实进入了一个史无前例的阶段，我们从以物质为基础的社会，以黄金为基础的社会，进入了以能源为基础的社会，进入了以信息为基础的社会。

——英国牛津大学互联网研究所教授　卢恰诺·弗洛里迪

▶ 第二节 算法

史海钩沉 ··

　　20 世纪 90 年代初，6 名关系要好的青年从斯坦福大学毕业，其中 5 名是计算机科学学士，而另一名是政治科学学士。他们聚集在硅谷的一家墨西哥快餐馆，商量今后的去向。几乎同所有斗志昂扬的青年一样，他们拥有"干大事"的雄心和抱负，希望能一起创办公司，但对于干什么样的"大事"，他们却并没有确定的方向。

　　但他们一致决定，由政治学士乔·克劳斯 (Joe Krsus) 担任公司总裁，负责接电话、找钱和其他外部事务；计算机学士格雷姆·斯宾塞 (Graham Spencer) 任技术总管，负责总体设计、任务分派和系统集成。6 名青年把自己的积蓄都贡献出来，凑了 15 000 美元，在硅谷租了一个小房子，开始行动起来——哪怕还是没有确定具体要做什么。

　　经过仔细讨论，这群年轻人决定开发一个"搜索引擎"(Search Engine) 软件。它的功能是，只要用户输入关键词，软件就能从一个庞大的数据库或信息库中把含有这些关键词的文件找出来。这个软件后来被命名为 Excite。

　　创业之初的工作忙碌又紧张，大家工作、吃饭、睡觉都在由小屋的车库改成的开发区里，每人每周最少工作 100 小时。公司总裁克劳斯常常要工作到凌晨四点钟，然后在早饭时间会见客人。

三个月后，他们确信已经开发出了很好的核心技术，然而，就在这时，一个坏消息传来了：东海岸有一家大公司也在开发同样的产品。六人团队怎么能与大公司抗衡呢？

克劳斯宣布公司进入冲刺阶段，大家不分昼夜地工作，直到把产品原型做出来。同时，克劳斯加紧寻找风险投资。

第一个给他们投资的是美国 KPCB 风险投资公司。演示成功后，美国 KPCB 注入了第一笔金额为 30 万美元的风险资金。

1995 年 10 月，第一代产品发布了，公司也正式改名为"Excite"。

1996 年 9 月，万维网上近四分之一的用户使用 Excite 网站。

1999 年 1 月，Excite 公司被另一家因特网大公司 @HOME 收购，收购价格为 67 亿美元。

今天，Excite 搜索引擎仍然是互联网和万维网上一个主要的搜索引擎，而搜索引擎所依赖的，正是算法（Algorithm）。

溯源揽胜

随着互联网技术的迅猛发展和智能手机的广泛普及，我们的生活被各式各样的手机 APP 所包裹。我们渐渐发现，最懂我们的，往往不是我们的父母和朋友，而是这些"机灵"的手机 APP。比如我们在逛淘宝时会经常在首页推荐中发现自己心仪的商品；看新闻时，相关的 APP 也会给我们推荐感兴趣的内容；刷抖音时，总是刷到自己喜欢的视频；就连早上起床打开音乐 APP 后随意播放一首推荐列表中的歌曲，也能"正中下怀"。那么，这些如同"知己"的

APP 是如何做到的呢？答案就是依靠算法！

算法是指解题方案中准确而完整的描述方法，是一系列用于解决问题的清晰指令，算法代表着用系统的方法去描述待解决问题的策略机制。"算法"一词的英文名"algorithm"起源于波斯数学家阿尔·花拉子米的名字"algoritmi"，正是他率先提出的"未知数"概念奠定了我们从特定的、浅层的数据当中总结出普遍、本质规律的基础。

到了 18 世纪，托马斯·贝叶斯进一步搭好了算法的骨架。他将归纳推理运用于概率论的基础理论，提出了一种偶然性，并将其用来估计一个可能的因果关系。这就意味着，以算法为基础构建的网络世界虽然充斥着许多不确定性，但我们至少能够通过把握一定的概率来计算具体的结果。

然而，算法若没有严谨的逻辑做支撑，就无法帮助我们过滤掉冗杂无用的信息，算法本身也会失去灵魂。当逻辑理顺后，我们便需要帮助机器理解信息。为了将逻辑数学化，乔治·布尔发明了二进制编码。他最初的设想是，人们用算法完成加减乘除，用逻辑讨论"或"和"与"，那为何不将二者相结合呢？他的研究最终得出了一个方程式，而这个方程只有在未知数等于 0 或 1 时才能成立。将二进制变为机器语言的，是克劳德·香农。香农努力探索着可以用来管理信息的规则和基本概念，他在 1948 年发表的论文中论述了信息的定义，怎样数量化信息，以及怎样更好地对信息进行编码，并提出了信息熵的概念，用于衡量消息的不确定度。

真正推动算法与计算机建立联系的是英国数学家阿兰·麦席森·图灵。1936 年 5 月，图灵完成了表述他最重要的数学成果的一篇论文——《论可计算数及其在判定问题中的应用》，他在论文中描述了一种可以辅助数学研究的机器，后来被人称为"图灵机"。图灵机首次将纯数学符号与实体世界建立了联系，为电脑和人工智能的发明奠定了基石。图灵也因此被称为"计算机科学之父"和"人工智能之父"。

随着计算机的发展，算法在计算方面已有广泛的发展及应用，比如用信息加密算法来保护通过网络传输的信息的安全和隐私，而我们之前谈到的手机 APP 的精准推荐，就是采用的推荐算法，如基于内容的推荐算法、协同过滤推荐算法等。可以说，算法正改变着我们生活的方方面面。

知史明智

　　算法能够帮助我们将纷繁复杂的数据转化为特定的、符合数学逻辑的关系结构，可以让我们从这个关系中得出有指导性的结论。例如在内容方面，一套优秀的算法是可以寻找到用户的个人特点和内容的关联性的，进而程序就可以自动给用户推荐最适合他们的内容。这样看来，算法好像有百利而无一害，精准为我们推荐我们感兴趣的内容总比我们在网络中盲目搜寻要便捷得多，但实际情况是，在互联网时代，我们的网络行为被分解为一个一个的数据，而这些数据作为我们的行为轨迹被记录，随后被计算。当计算机比我们自己还要了解自己时，我们的隐私又被置于何处呢？辩证看待算法，才能正确运用算法，而不是被动地被"计算"。

　　第一，算法实际上不能被孤立地理解。算法必须和数据、结论一起来理解。算法的出现，实际上背后隐藏着人们网络行为的"数据化"。我们知道，个人行为是一种私密的行为，而个人网络行为是基于个人通过互联网的连接而进行的行为，网络是连接世界的桥梁，在世界环境变化如此快的情况下，我们每个人都在通过网络与世界建立着专属于我们的联系。所以，当我们使用互联网数据的时候，我们每个人的使用数据会同时被保存，比如我们在网上经常看文学作品，那么我们喜欢的这个文学作品类型便会被电脑独有的记忆存储，当每个人的喜好都变为数据，实际上意味着每个人的爱好都能够被迅速存储。而算法则是基于这样的大数据，利用一套独有的自我关联体系而形成的一套精准分析系统。这样的分析系统能够最有效率地对人们的爱好和行为进行判断和分析。从用户的角度分析，这既带来了方便，也是隐私的暴露。但从商业角度来看，当数据和算法达到一定水平之后就可以判断人们的爱好和规律，进而推荐符合个人期待且吸引个人眼球的商品。因此，可以说算法是未来商业数据最核心、最重要的资源。

第二，算法意味着预测，意味着在人们的意识之外发现他还没有找到的需求。这是很有意思的。因为算法的精准度、计算速度、发展速度等是超出了人们的想象的，我们可能会以为算法的结论比我们自己更加了解自己。从商业应用的角度来说，这是一个非常有趣的现象，这对商业的发展趋势会有一定的影响，我们可以从算法结论中得出现在的需求，同时，也许这里面会有我们不曾注意的潜在需求，而这样的潜在需求也许会在某一天成为下一个商业的发展机遇。算法不是人工智能，但它可以带来人工智能。算法是一个关键的入口，人的个人偏好和情感这种意识层面的东西和数据得出的科学结论得以融合。但反过来，我们也需要警惕，算法的这种功能是不是掌握在社会的良性力量手里？如果社会不良力量掌握了算法和数据资源，是否会对社会带来一些不良影响？这也是我们需要思考的问题。

第三，算法最精妙绝伦的地方在于它是自我成长的。我们的精力和接受知识体系的能力是有限的，因为我们的思维模式几乎是固定的，学习能力会在成年后随着时间慢慢递减。但是算法，就像阿尔法狗（AlphaGo），在短短几年时间的技术研究中，竟然赢了有十几年围棋学习经验的选手柯洁。这就是因为随着人们的使用，算法会获得越来越多的反馈，也会越来越精确，甚至也许会发展到人们难以想象的地步。

网事 拾遗

推荐算法是计算机专业中的一种算法。推荐算法在生活中的运用就是将用户的一些行为经过一系列的数学分析编成计算机语言，从而通过网络的传输推测出用户可能喜欢的东西。推荐算法主要采用的是基于用户行为的推荐，而基于用户行为的分析主要来自以下两个方面：一是用

户自身填写的信息。每当我们想要在某一个平台注册自己的账号的时候，通常会需要我们填写自己的出生年月日、性别、手机号，甚至身份证号。二是用户使用时的数据信息。我们在使用软件的时候习惯性地输入的内容，高频率的点击也会给推荐算法提供便利。

常见的推荐算法有以下三种：

一是基于内容的推荐，根据推荐物品或内容的元数据，发现物品或者内容的相关性，然后基于用户以往的喜好记录，推荐给用户相似的物品。比如我们经常输入"跳舞"，那么这个推荐算法也会推荐同样含有"跳舞"字样的内容给我们。

二是协同过滤推荐。协同过滤推荐又分成了两种，一种是基于物品的协同过滤推荐，另一种是基于用户的协同过滤推荐。基于物品的协同过滤推荐，是基于用户对物品的偏好找到相似的物品，然后根据用户的历史偏好推荐相似的物品。比如在网上挑选水果时，西瓜和苹果都被用户 A 和用户 B 所查看，又由于用户 C 也看了西瓜，所以我们就会推荐与之相似的苹果给用户 C。基于用户的协同过滤，是基于用户对物品的偏好找到相似用户，然后将相似用户喜欢的东西推荐给当前用户。比如我们在网上挑选 A 品牌衣服的时候，会有其他用户也喜欢 A 品牌的衣服，可

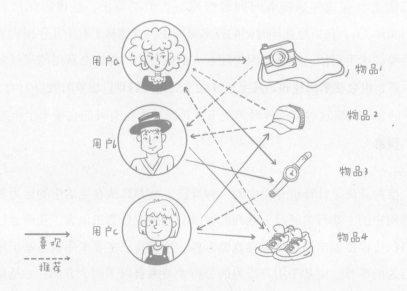

是他们除了喜欢 A 品牌的衣服也会喜欢 B 品牌的衣服，又因为 B 品牌的衣服与 A 品牌的风格类似，那么就会将其他用户喜欢的 B 品牌衣服推荐给我们。

三是基于关联规则的推荐，关联规则的推荐是以关联规则为基础，把已购商品作为规则头，规则体为推荐对象。关联规则可以挖掘、发现不同商品在销售过程中的相关性。比如我们在购买电动牙刷的时候，会默认给我们推荐电动牙刷头；又如我们在购买面包的时候，牛奶也是与之搭配售卖的物品。

历史回声

过去你是一个消费机器，人们谈论他们的消费者和他们的用户。（英语中用户和消费者描述的是一个非常被动的人。）

——美国计算机科学家　尼古拉斯·尼葛洛庞帝

互联网技术也被称为基础系统。如果没有了互联网，产业技术也不会革新。互联网成了社会性基础设施，作为社会性的通讯基础，没有了互联网的话，谁也过不下去吧。

——日本互联网发展时期的记者　高桥彻

正如达尔文的进化论改变了我们在这个世界和更大的宇宙范围内对自己的认识，在这种新的神经传统下，神经技术也有可能会带来全新的观念，让我们认清自己在宇宙中的位置。

——美国神经科技工业组织的创立者　扎克·林奇

第三节　摩尔定律

1929 年 1 月 3 日，一名男婴出生在加州旧金山的佩斯卡迪诺一个普通的家庭。在男孩 11 岁时，邻居小孩的一个化学装置玩具让他对化学产生了兴趣，他开始梦想成为化学家。虽然学习并不怎么用功，但成绩一直不错。较之学习，他更热爱体育和发明。

高中毕业后，男孩进入了著名的加州大学伯克利分校，学习化学专业，并在 1950 年和 1954 年先后获得学士学位和物理化学博士学位，实现了少年时代的梦想。

之后，男孩来到约翰·霍普金斯大学的应用物理实验室工作。但不久，研究小组却因两个上司的离去名存实亡，这让他不得不重新思考未来。

机会在 1956 年降临。在诺贝尔奖获得者、晶体管的合作发明人威廉·肖克利的邀请下，男孩加入了肖克利的半导体公司，并希望将自己的研究应用到实事中。在这里，他遇到了他一生中最好的合作伙伴：罗伯特·诺伊斯、布兰克、杰伊·拉斯特。彼时的他并不知道，自己将和这些伙伴共同开启一段"伟大的旅程"。

肖克利虽然才华横溢，却缺乏经营能力，在他的领导下，实验室一年内并没研制出什么成果。公司里意气相投的 8 个人决定"叛逃"，向肖克利递交了辞职书。这让他们的"伯乐"——肖克利愤怒不已，指责他们是"八叛逆"。

"八叛逆"离开肖克利后继续寻找合作伙伴。1957年10月，他们找到了一家地处纽约的摄影器材公司。年过六旬的公司掌门人虽无太多动力，但答应提供3600美元种子基金。就这样，"八叛逆"创办的企业正式成立，命名为"仙童半导体公司"。

1958年1月，公司收到了IBM公司给的第一张订单。到1958年底，小小的仙童半导体公司已经拥有50万美元的销售额和100名员工，并依靠技术创新优势，一举成为硅谷成长最快的公司。

20世纪60年代，仙童半导体公司进入了它的黄金时期。到1967年，公司营业额已接近2亿美元，在当时简直就是天文数字。

1968年，男孩同他的伙伴罗伯特·诺伊斯与安迪·格鲁夫在美国硅谷创办了英特尔公司。经过五十多年的发展，公司在芯片创新、技术开发、产品与平台等领域奠定了全球领先的地位，并始终引领着相关行业的技术产品创新及产业与市场的发展。

这名男孩就是戈登·摩尔，是英特尔公司创始人之一，也是英特尔的"心脏"。

溯源 揽胜

信息时代，我们身边被各种电子产品所包围。电脑、手机已成我们当代人生活中必不可少的部分，尤其是手机，几乎成了我们的"私人秘书"。同时，越来越多的传统工具和设备等也都实现了智能化：手表变成了可即时通信的多功能电子设备，汽车变成了行走的超级电脑。这些与我们生活密切相关的电子伙伴的身体中搭载着晶体管和微处理器，更新速度极快，性能不断提升，

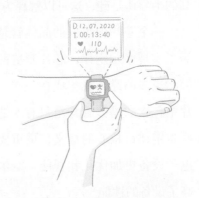

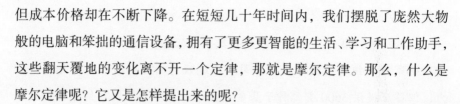

但成本价格却在不断下降。在短短几十年时间内，我们摆脱了庞然大物般的电脑和笨拙的通信设备，拥有了更多更智能的生活、学习和工作助手，这些翻天覆地的变化离不开一个定律，那就是摩尔定律。那么，什么是摩尔定律呢？它又是怎样提出来的呢？

实际上，摩尔定律并非像牛顿运动定律那样是物理或自然法则，而是被看作一种观测或推测，它代表了一个"机遇"，揭示了信息技术进步的速度。

1965年4月15日，时任仙童半导体公司研究开发实验室主任的戈登·摩尔应邀为《电子学》杂志的35周年专刊写一篇观察评论报告，题目是"让集成电路填满更多的元件"。摩尔应这家杂志的要求对未来十年间半导体元件工业的发展趋势做出了预测：在一个集成电路——计算机的大脑中能够集成的元件数量将每年增加一倍，从而大大提升计算机的性能。10年后，他修正了他的预测，改为每两年增加一倍，科技行业正式将其称为摩尔定律。在50年的时间里，这个法则成了整个行业立志要实现的目标，而且确实实现了。

摩尔定律所提到的晶体管能够控制电信号的开关，从而使设备可以处理信息和完成任务，是电脑、手机等智能设备最基础的组成部分。把晶体管集成到一小块薄片上，就是微处理器，微处理器是手机和电脑的核心部件。制作微处理器和晶体管最基本的材料是半导体，而性价比最高的半导体是硅，这可以解释为何硅谷成了创造现代科技的核心区。

一个芯片中集成的晶体管越多，这块芯片处理信息的速度就越快。为了实现摩尔定律，芯片制造商不得不努力缩小晶体管的体积，以便能够将更多的晶体管集成在一起。最初的晶体管有人的手掌大小，如今芯片中包含的晶体管甚至只有5纳米大小。然而，体积大小的改变并不是摩尔定律最核心的意义，更重要的是，随着时间的推移和技术的发展，电子设备更加优化和智能。摩尔法则让设备体积变小的同时，也极大提高了设备的性能。

"一开始，我只想记录下集成电路的发展史，没想到它逐渐受到各大公司的认可，他们想办法来达到这样的速度，否则就会死掉。"摩尔80多岁时曾这样说道。摩尔定律就像是一股推动行业进步的统一力量，为定期的创新提供了方向，也为我们的科技带来了日新月异的变化。

知史 明智

正如摩尔本人所说的那样，摩尔定律并非记载行业的进步，而是推动行业的进步。它是一种愿景，是一个自验性的预言，它的持续成功依赖于一大批人的持续奋斗和不断的极致创新。摩尔定律创造出的技术进步神话，让个人计算机和智能电脑逐渐普及，让我们在更短的周期里使用到更好的产品，但我们不必为此支付更多的费用。

我们普遍认为，随着时间的推移，技术走向发达和快捷是必然的，即便有些技术问题现在还不能解决，那再过一两年也一定会解决。但如果没有摩尔定律——这一统一的力量来推动整个行业的进步，那么集成电路和元件极有可能还停留在几十年前的水准，也可能就不会有各种智能电子设备的涌现。

然而，随着技术的不断革新，摩尔定律也陷入"是否已失效"的争论中。摩尔定律的未来如何？倘若摩尔定律失效了，我们又该何去何从？

摩尔定律问世至今已经五十多年了，半导体芯片制造工艺水平也在其推动下以一种令人惊叹的速度提高。我们一方面惊讶于技术发展的速度，另一方面又止不住地忧虑：这样的发展速度有无止境？摩尔定律会一直起作用吗？我们都知道，芯片性能的提升需要减小晶体管等元器件的大小，使得相同面积上能够集成更多的元件。然而，芯片上元件的尺寸却无法无限制地持续缩小，总有一天，芯片单位面积上可集成的元件数量会达到极限。而这一极限是什么？什么时候会到达这一极限？在这种发展趋势下，摩尔定律正步入"晚年"。

在摩尔定律的思维下，一旦定律失效了，科技及人类文明的发展势必将变得缓慢。这是否就意味着我们的未来将暗淡无光呢？其实不然，

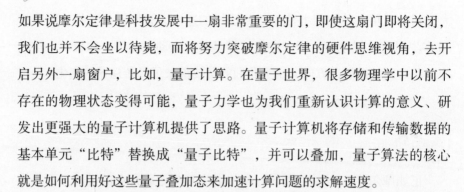

如果说摩尔定律是科技发展中一扇非常重要的门，即使这扇门即将关闭，我们也并不会坐以待毙，而将努力突破摩尔定律的硬件思维视角，去开启另外一扇窗户，比如，量子计算。在量子世界，很多物理学中以前不存在的物理状态变得可能，量子力学也为我们重新认识计算的意义、研发出更强大的量子计算机提供了思路。量子计算机将存储和传输数据的基本单元"比特"替换成"量子比特"，并可以叠加，量子算法的核心就是如何利用好这些量子叠加态来加速计算问题的求解速度。

所以，我们与其将摩尔定律的濒临死亡看作技术将会停滞的趋势，不如将它的结束视为另一个技术时代的到来。未来并不暗淡，未来值得期待。

关于互联网有三条重要的定律，除了摩尔定律外，还有吉尔德定律和迈特卡夫定律，这两条定律都和摩尔定律有着紧密的联系。

吉尔德定律是由乔治·吉尔德提出的：在未来25年，主干网的带宽每6个月增长一倍，12个月增长两倍。其增长速度是摩尔定律预测的CPU增长速度的3倍，并预言将来上网会免费。乔治·吉尔德认为正如20世纪70年代昂贵的晶体管在现如今变得如此便宜一样，主干网如今还是稀缺资源的网络带宽，有朝一日会变得足够充裕，那时上网的代价也会大幅下降。

吉尔德定律和摩尔定律之所以联系在一起，是因为带宽的增长不仅仅受路由传输介质的影响，更主要的是受路由等传输设备的运算速度提高的影响，以及作为节点的计算机的运算速度加快的影响，而摩尔定律决定了计算机的运算速度。

迈特卡夫定律是由以太网的发明人罗伯特·迈特卡夫提出并以他的名字命名的。其简单描述为：网络的价值与网络使用者数量的平方成正比。这个貌似简单的陈述，却为包括互联网在内的许多重大发明的存在和被用的实际价值提供了一个简洁的数学结论。可以说，摩尔定律从微观角度解释了产品的性能提高而成本降低的现象；迈特卡夫定律则从宏观角度解释了产生这种现象的社会渊源——一个技术随着使用者的不断增多，每一个使用者从使用中获得的价值不断增加，但使用费却不断下降的现象——是由市场决定的。

历史 回声 ┈┈┈

一个巨大的变化就是它已经是一个联系的世界。这种联系不仅是每一件事都与其他事联系起来，也是移动的联系，而不是静止的联系，不是游离的行为。因此，这种联系才是巨大的变化。

——美国麻省理工学院媒体实验室创办人 尼古拉斯·尼葛洛庞帝

万物关联

网络从很多方面改变了人和人之间的关系。我认为我们现在还处在起点上，互联网已经改变了我们工作和生活的方式，但是我们现在真正想要实现的是，利用互联网帮助世界各地的人们相互交流和加深理解。

——万维网发明人、互联网之父 蒂姆·伯纳斯·李

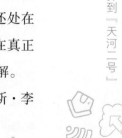

▶ 第四节　计算有无止境？

史海钩沉

　　人工智能的本质还是基于数学计算，但在大量的数据与算法预测面前，人类还能获胜吗？早在20世纪60年代，计算机"深蓝"便于国际象棋大赛中进行了一场人机大战！

　　1963年人与计算机进行首次国际象棋比赛，国际象棋大师大卫·布龙斯坦认为计算机始终是人创造的机器，质疑其智慧，决定与之一决高下。在下棋的过程中，大卫·布龙斯坦还让了计算机一个棋子，但当比赛进行到一半时，计算机就已经吃掉了他一半兵力。这时，布龙斯坦要求与机器人再下一局，并表示不再让子。

　　1996年2月10日至17日，超级计算机"深蓝"首次向国际象棋世界冠军加里·卡斯帕罗夫发出挑战，经过几轮比拼，最终"深蓝"以2∶4失败告终。

　　随后研究人员对该计算机进行了修正改进，人们称其为"更深的蓝"。改良后的"深蓝"计算机性能得到极大提升，运算速度达到每秒2亿步棋，是其1996年版本的2倍，可搜寻及估计随后的12步棋，而一名人类的象棋高手大约可估计随后的10步棋。

　　1997年5月3日至11日，"深蓝"计算机再次挑战加里·卡斯帕罗夫。经过6局的人机博弈，最终加里·卡斯帕罗夫以2.5∶3.5（1胜2负3平）输给"深蓝"。

其实计算机"深蓝"的胜利很大程度上在于预计落子的多种可能，并计算未来走势是"有利"还是"不利"，相较于实时下棋的象棋大师，它更不会出错。

由此可见，计算机在计算与推算方面能力十分强大，未来很有可能帮助人类实现许多无法通过人力办成的事情。

溯源揽胜

你知道中美超级计算机竞赛已成白热化了吗？

超级计算机与普通计算机的区别在于"超级"，即能够处理一般个人电脑所无法承担的大量资料与有着一般电脑无法拥有的计算速度。多年以来，超级计算机领域一直由美国占据主导地位，但随着我国科研技术的不断崛起，中国成功实现了弯道超车。

2016 年，据"全球超级计算机排行榜 Top500 名单"显示，榜单排名第一、第二的为中国计算机"神威·太湖之光"与"天河二号"。这标志着中国在超级计算机领域成功反超美国，成为世界第一。

当然，美国专家并不"服气"，于是潜心研究与提升超级计算机的系统与运算速度。

在 2018 年 6 月的"全球超级计算机排行榜 Top500 名单"中，美国研制的超级计算机 Summit，超过中国的"神威·太湖之光"，排名第一。计算机 Summit 的速度足以击败全球其他计算机系统，除此之外，它具有支持机器学习和人工智能的硬件，这在以前闻所未闻。

在 2020 年 11 月的最新榜单中，第一名为日本的计算机"富岳"。第二、第三名为美国的计算机 Summit 和 Sierra。

当然，紧随其后的便是中国的"神威·太湖之光"。

为何各国如此重视超级计算机的发展？

超级计算机具有极强的数据储存功能与数据快速运算功能，通常用于武器研发、密码分析等多领域。正是由于强劲的性能，超级计算机成为多个国家、行业、领域纷纷争夺的对象。

在科学领域，超级计算机运用其强大的数据处理能力，可以模拟大气、气候和海洋，可以预测地震和海啸，帮助人类认识各种自然现象，从而更好地保护我们自身及人类社会。

在生产领域，超级计算机的使用节省了不少人力。对于一些事故发生率较高或对人类身体造成伤害的高危工作，超级计算机不仅能很好地代替人进行操作，其强大的信息处理能力往往还能发挥意想不到的作用，例如石油探测、深海作业等。

在生物医药领域，超级计算机能模拟人体器官进行实验，参与药物研发，对病人的病例、CT影像等进行深度分析，从而协助医生提供个性化的治疗方案，目前在癌症治疗及产前检查等方面运用广泛。

知史明智

人工智能是人类在适应自然的过程中不断改善生存方式、提高生产效率、提升生活质量的产物，同时是促进人类文明进步的一个重大成就。但我们也不能单纯地将人工智能理解为现代社会的产物，同时，不能狭隘地将人工智能看作技术的创新或者变革。我们应当全面地评估人工智能给我们现实社会带来的便利，比如从社会发展、科技进步、社会治理、创新发展的角度来看待它给我们的生产技术带来的巨大变革以及对我们原有生活模式的重塑。

1956年，达特茅斯会议的召开揭开了人工智能的面纱，从此技术领域中又出现了一门新兴的科学。客观地看，达特茅斯会议提出的人工智能并非概念创新，只是我们以现代社会的视角对其赋予了更多的技术内涵和社会价值。随着技术的高速发展，以自动驾驶汽车、阿尔法狗（AlphaGo）等现象为代表的人工智能的出现标志着人工智能进入了我们的视野。社会各界都对人工智能的发展表示了高度赞扬，普遍认为人工智能已经在很大程度上，并将在未来极大地改变人类的经济和社会结构。

现今的人工智能技术通过与互联网的连接，以计算的方式广泛应用于我们的生活当中。比如现今缓解交通拥堵的方式就是利用的这种互联网与人工智能结合的技术，通过对实时路况数据的分析，以及对摄像监控数据、信号灯的运行数据的多数据源的整合，通过在互联网上将数据实时上传以及连接，我们可以更加全面地"看见"交通情况，并获得最优路线。但是现今的交通服务的计算并不是很精确，仍然需要不断地完善，让其更精确迅捷地服务于我们的生活。

从技术创新的角度看，现有的计算类的技术仍然是存在缺陷的，这样的缺陷也等待着新一代的我们通过学习更多的互联网计算的知识才能去更好地解决，让技术更好地为我们所用。例如阿尔法狗（AlphaGo），它只会下棋，只能在围棋这样的知识范畴中超越人类，且它不具备自我思考能力。但是怎样去优化这种计算，让其能够进行思考，然后解决问题，或进行抽象思维，理解复杂理念，快速学习和从经验中学习等，这等待我们一起去打开这扇神秘的大门。

如今互联网应用最广的计算，便是云计算（Cloud Computing）了。云计算是一种将巨大的数据通过各种计算方法得出结果，并将结果提供给用户的服务模式，通常通过互联网来提供动态的、易扩展的且经常是虚拟化的资源。"云"是网络、互联网的一种比喻说法。云计算的定义有多种，现阶段被广为接受的是美国国家标准与技术研究院（NIST）的定义：云计算是一种按使用量付费的模式，这种模式提供可用的、便捷的、按需的网络访问，进入可配置的计算资源共享池使资源能够被快速提供和利用。据资料显示，云计算甚至可以让你体验每秒 10 万亿次的运算能力，这么强大的计算能力可以模拟核爆炸、预测气候变化和市场发展趋势。我们通过台式电脑、笔记本、手机等方式接入数据中心，按自己的需求进行运算。

其实云计算真正要解决的是"大数据量计算"的问题，就是如何用最低的成本、最快的速度，把我们所需要的数据以商业化的形式整合，

以其最简便的方式呈现，从而被我们利用。前文我们已经提到了超级计算机、大数据时代的到来，超级计算机将会在未来信息化发展中大放光彩，首先是它和云计算、云储存联系在一起，为大数据技术的发展提供保障。未来，超级计算机很可能会发展为共享服务器云计算的形式，发挥它极强的运算能力和大批量数据处理的优势。

超级计算机的出现代表着国家信息技术进步的一个巨大跨越，会在众多领域中发挥它的作用，比如国防军事、航天技术、天气预报。依靠强大的数据处理能力和高速的运算能力，未来的超级计算机将会是大数据时代的重要工具，而且会进一步融入我们的日常生活中，为我们的社会发展做出巨大贡献。

历史回声

最早的人类研发了斧头、锤子，这些技术改变了人们生活的方式。现在的问题是这些工具改变了我们的人性吗？我认为人性是很灵活的，有巨大的潜力来利用各种不同的技术。所有的科技都是工具，因特网和斧头无异，都是工具。

——美国斯坦福大学人文与科学学院教授　马克·格兰诺维特

有一个危险性，就在于我们会利用大数据预测的功能来给某些人附上责任，不是因为他们实际上做了什么事情，而是他们被推测会去做。某些人仅仅因为被预测做了，而不是真的做了某件事而被政府惩罚——因此危险就是我们会利用大数据的分析功能而滥用其结果。

——英国数据科学家　维克托·迈尔-舍恩伯格

如果我们不控制技术，这将会是隐私的一个大问题。技术没有欲望，它只是受人摆布。如果我们想要自由，我们需要获取主导权，我们需要掌控技术，只有这样，我们才能保护我们的隐私。

——美国电子前沿基金会法律主管　辛迪·柯恩

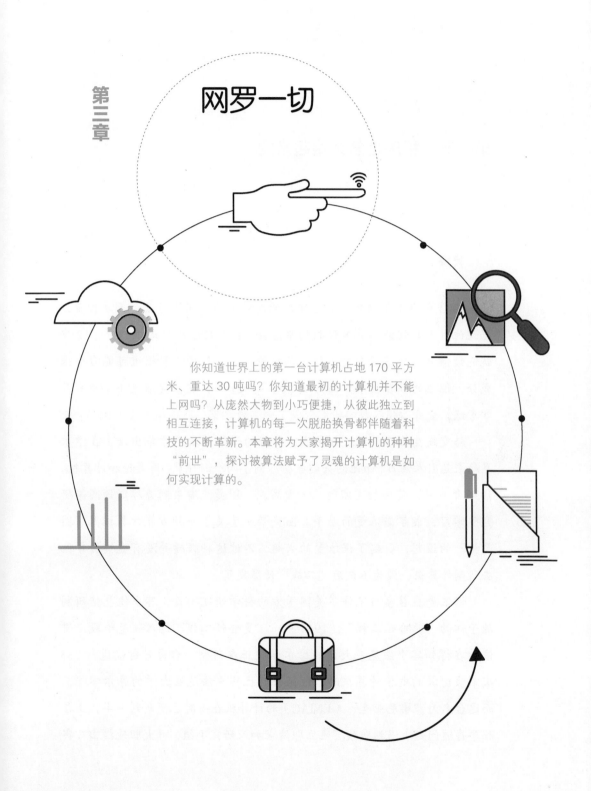

第三章

网罗一切

你知道世界上的第一台计算机占地 170 平方米、重达 30 吨吗？你知道最初的计算机并不能上网吗？从庞然大物到小巧便捷，从彼此独立到相互连接，计算机的每一次脱胎换骨都伴随着科技的不断革新。本章将为大家揭开计算机的种种"前世"，探讨被算法赋予了灵魂的计算机是如何实现计算的。

▶ 第一节　程序是怎么跑起来的

1903 年出生于匈牙利布达佩斯的约翰·冯·诺依曼是个天才神童，据说他 6 岁时就能心算 8 位数的乘除法，8 岁时已经精通微积分，12 岁就能读懂并领会波莱尔的大作《函数论》。虽然传记和报道可能有夸张成分，但他的确在数学方面天赋过人。1921 年，诺依曼通过高等教育升学考试，全身心投入数学研究，成了一名数学家。

转变发生在 20 世纪 30 年代，年轻的诺依曼由于才华出众，在学术界越来越引人注目，而他的兴趣也转移到了两个新领域：博弈论和计算机。1936 年 9 月，英国数学家阿兰·麦席森·图灵应邀来到普林斯顿高等研究院学习，成了诺依曼的助手。图灵带来了关于一种万能计算机器"图灵机"的设想，引起了诺依曼的兴趣。不过这种兴趣并没有直接引导他去研制计算机，因为不久后"二战"便爆发了。

诺依曼应召参与了许多美国军方的科学研究项目，其中便包括研制原子弹的"曼哈顿工程"。1944 年，"曼哈顿工程"进入收尾阶段，诺依曼在得知宾夕法尼亚大学的摩尔学院正在研制一台每秒钟能进行 333 次乘法运算的电子计算机时，他很快赶往宾夕法尼亚大学的摩尔学院，而这台名为"埃尼亚克"（ENIAC）的计算机在当时已研制到一半，正在程序存储问题上遇到瓶颈。他立即请求加入研究小组，并大胆地提出"实现程序由外存储向内存储的转化，所有程序指令必须用二进制的方式存储在磁带上"。

1945 年 6 月，诺依曼将自己的思想见解撰写成文，题为"关于离散变量自动电子计算机的草案"，提出了在数字计算机内部的存储器中存放程序的概念。这是所有现代电子计算机的范式，被称为"冯·诺依曼结构"，按这一结构建造的电脑被称为通用计算机。这是计算机发展史上的一篇划时代的文献，它向世界宣告：电子计算机时代开始了。

溯源揽胜

计算机并不是一开始就能实现自动计算的，在电子计算机诞生之前，还出现过两代采用布尔代数的二值逻辑进行控制的过渡型计算机。

德国力学工程师康拉德·楚泽总结出大多数计算都采用相同公式的规律，并设想如果能发明一种机器，通过代入不同数据实现自动计算，将极大地提高工作效率。楚泽尝试用二值逻辑控制机械计算机的开关，并于 1938 年成功研制出第一代电动机械计算机 Z1，Z1 拥有控制器、浮点运算器、程序指令和输入输出设备，同如今的计算机组成相似。世界上第一台依靠程序自动控制的计算机诞生了！

但由于楚泽并不知道图灵的计算机理论，Z1 不能实现图灵机的逻辑判断和逻辑运算等功能，且因由电机带动庞大的机械装置，Z1 的计算速度极慢，仅为每秒一次。为了提高计算速度，楚泽用继电器取代机械实现电路开关，并研制出第二代计算机 Z2，但除了速度提升到每秒计算 5 次外，Z2 仍然未能解决逻辑判断和逻辑运算等问题。"二战"期间，楚泽研制出每秒可计算 5 ～ 10 次的 Z3，功能等同于图灵机。Z3 的诞生标志着计算机可以在程序的控制下自动完成计算，是计算机发展史上的重大突破之一，即便它的实际意义并不大。

在第二次世界大战期间取得重大突破的，除了楚泽研发的计算机外，还有另外一种改变了世界进程的计算机——电子计算机。为了在"二战"

中取得武器优势，美军聚集了一群"能人志士"紧锣密鼓地研制一种新型计算机，以完成火炮研制中的大量和重复性的计算工作。宾夕法尼亚大学摩尔学院承担了此项任务。

与楚泽采取的继电器实现开关电路不同的是，莫奇利博士和他的学生埃克特设想通过电子管实现数字开关电路来提高开关速度，他们将设备命名为"电子数字积分计算机"，简称 ENIAC。ENIAC 以阿兰·图灵的图灵机理论为支撑，突破了楚泽依靠经验研究的局限性。

冯·诺依曼的加入推动了 ENIAC 的研制进程，他从计算机的逻辑出发，大胆提出了在数字计算机内部的存储器中存放程序的设想。但由于时间有限，ENIAC 只能按专用计算机的设计制作下去。虽然 ENIAC 未采用冯·诺依曼结构，且计算速度慢、存储量小，但它的诞生仍是计算机历史上浓墨重彩的一笔，标志着人类正式步入了计算机时代。

冯·诺依曼的构想则应用到了另一台新计算机——离散变量的电子计算机(Electronic Discrete Variable Automatic Computer, EDVAC)的制造中。新计算机采用了一套全新设计方案，解决了 ENIAC 的通用性问题，这一方案也被称为"冯·诺依曼结构"，EDVAC 也是世界上第一台通用计算机。冯·诺依曼结构开启了计算机系统结构发展的先河，计算机科学也由此开始划分为硬件与软件两部分，也就是计算机本身和控制计算机的程序得以区分开来。

知史明智

什么是计算机的程序呢？计算机程序，也称为软件。《计算机科学技术百科全书》将程序描述为计算任务的处理对象和处理规则，任何以计算机为处理工具的任务都是计算任务，处理对象是数据或信息，处理规则反映处理动作和步骤。也就是说，倘若我们把计算机视作处理各种计算问题的机器人，那么程序就是这个机器人处理计算问题以及如何进行计算的一种描述，同时，它是让机器人执行计算任务的指令。但程序的描述语言与我们日常使用的语言不同，它是专门的程序设计语言。

如何让程序跑起来涉及程序的运行机制。程序包含数据结构、算法、存储方式、编译等，作为控制机器人执行各种计算任务的指令，程序的任务除了对相关的数据、信息以及算法进行描述外，还要将其转换为让机器人可识别和接受的指令。信息在计算机中都是用0或者1来表示的，因此，我们需要将人可读的信息通过编译系统转变为计算机可执行的二进制文件。

程序员用开发工具所支持的语言写出源文件，也就是代码，它的最终目的是将人类可读的文本翻译成为计算机可执行的二进制指令，这一过程叫编译，由编译器来完成。代码撰写完成后存储在计算机的硬盘当中，若要执行代码，便需要将这段代码从硬盘中读取到计算机内存中，而此时的代码已经变成了计算机可识别的二进制文件存储在内存中了。程序代码被装载进内存时会产生数据和指令两部分，指令会告知计算机如何来处理数据。负责处理计算问题的是中央处理器，它从内存中读取数据，然后放到寄存器（计算机的存储部件）中，再进行数学运算和逻辑运算，并依据相应的条件进行跳转，执行其他指令。这就是程序的整个运行过程。简单来说，加载程序就是将机器指令从磁盘复制到主存储器中，运行程序就是将其从主存储器复制到中央处理器中，最后又从中央处理器复制到外部显示器上。

> **计算机硬件的构成：**
> 计算机由运算器、控制器、存储器、输入设备和输出设备五个逻辑部件组成。
>
> **主存储器：** 是处理器执行程序时用于临时存放程序及其数据的部件，由一组动态随机存储器芯片组成。
>
> **中央处理器：** 由运算器和控制器组成，是任何计算机系统中必备的核心部件。

网事 拾遗

相对于"程序"的叫法，我们称呼其为"软件"仿佛更普遍一些。电脑上使用的办公软件、聊天软件，手机上下载的各种学习软件、信息

第三章 网罗一切

浏览软件、视频软件等都化身成了我们的好朋友，帮助我们社交、娱乐和学习。但软件并不等同于程序，具体来说，软件是包含程序的有机集合体，程序是软件的必要元素。任何软件都有可运行的程序。比如我们最常用的 Office 是一个办公软件包，里面就包含了许多可运行的程序。

另外，上述我们通常使用的软件其实是属于应用软件，它们是在系统软件的基础上进行操作的。那么应用软件和系统软件有什么区别和联系呢？

让我们回归到程序的分类上来。程序按照设计目的的不同，可以分为系统程序和应用程序。系统程序主要是为了使用方便和充分发挥计算机系统效能而设计出来的，通常由计算机制造厂商或专业软件公司设计，我们常使用的 Windows、安卓系统、iOS 操作系统等以及编译程序都属于系统程序。而应用软件是为解决用户特定问题而设计的，能够满足用户不同领域和不同问题的具体应用需求，通常由专业软件公司或用户自己设计。应用程序在操作程序上运行，能够拓宽计算机系统的应用领域，放大硬件的功能。

科学从不试图解释什么，甚至几乎从未想过让我们理解什么，它们主要提供模型。

——计算机之父　约翰·冯·诺依曼

好的软件的作用是让复杂的东西看起来简单。

——统一建模语言 UML 的发明者之一　Grady Booch

▶ 第二节　TCP/IP 协议

史海
钩沉

1988 年 11 月 2 日，一名在美国康奈尔大学读书的年轻人为了测量当时互联网的规模，在电脑上敲下了 99 行代码，然而这一简单的举动，却在互联网内引发了巨大麻烦，险些摧毁掉互联网。

这名年轻人叫罗伯特·塔潘·莫里斯，他撰写的程序由于在传播机制上的编程错误，能够不断地高速自我复制，很快就据了网络上计算机系统的硬盘和内存空间，同时消耗了网络带宽，导致计算机不堪重负而最终崩溃，也使得网络陷入瘫痪，存储在计算机内的大量数据和信息等资料也因此被销毁。

莫里斯的这段程序被称为"蠕虫病毒"，是世界上第一个通过互联网传播的计算机病毒，可自行传播，还可大量复制，产生的破坏性远高于普通的计算机病毒，能够在短时间内造成网络瘫痪。蠕虫病毒的诞生给早期的互联网敲响了防止网络攻击的警钟，直接催生了网络安全行业的兴起。

在谈及这场技术上"必然"发生的灾难时，TCP/IP 协议的发明者温顿·瑟夫说道："如果我现在能重新发明一次互联网，我会在一开始就考虑加入更多保护措施，从互联网后台而不是终端，尽可能杜绝负面的东西。但在当时，很多保护方法尚未问世。"

1969 年 8 月 30 日，BBN 公司制造的第一台接口信息处理机 IMP1 抵达美国加州大学洛杉矶分校，10 月初，IMP2 被运到斯坦福研究院。1969 年 11 月，IMP3 抵达加州大学圣巴巴拉分校，12 月，供试验的 IMP4 在犹他大学安装成功。四台计算机各自分布在四所大学，而这四所大学就是阿帕网正式启用的 4 个节点，也就是从这个时候开始，人类迈入了网络时代。

将几台计算机连接起来仅仅是建立互联网的第一步。阿帕网问世之后，美国军方开始连接更多的电脑。阿帕网使用的是一种网络控制协议（NCP），仅能用于同构环境中，也就是说，连接进来的计算机都需要运行相同的操作系统，这极大地限制了信息共享的范围和通道。并且，随着接入阿帕网的电脑增多，信息发送出错的频率也大大提高——发送信息的计算机难以在错综复杂的网络中精确定位目标计算机。因此，要真正做到大范围又准确地共享信息，就需要突破"同构"的限制，建立一套可用于"异构"环境中的全新的网络连接技术。

罗伯特·卡恩和温顿·瑟夫便致力于研究这样的一项技术。为了准确定位计算机，他们给每个计算机分配了一个唯一且确定的地址，就像给计算机编号一样，这就是 IP。TCP 则保障了信息传输的精准性，它对整个传输过程进行监督，若传输中出现问题，就立即发出信号并要求发送信息的计算机重新传输。

1974 年 12 月，卡恩与瑟夫正式发表了 TCP/IP 协议并对其进行了详细的说明。为了验证 TCP/IP 协议的可用性，他们做了一个试验，将数据包在卫星网络和陆地电缆之间反复传输，贯穿欧洲和美国的电脑系统。在这次传输中，数据包没有丢失一个数据。这充分证明了 TCP/IP 协议的成功。同年，美国政府无条件公布了 TCP/IP 协议的核心技术，世界范围内的互联网浪潮随之兴起。

1983 年元旦，TCP/IP 协议正式替代 NCP，从此以后 TCP/IP 成为大部分互联网共同遵守的一种网络规则。第二年，TCP/IP 协议得到美国国防部的肯定，成为多数计算机共同遵守的一个标准。随后，TCP/IP 协议得到不断改进，至今仍是全球互联网稳定运作的保证。

知史明智

TCP/IP 不仅仅是一个协议，而且是一个协议族的统称，包括 IP 协议、ICMP 协议、TCP 协议、HTTP 协议、FTP 协议、POP3 协议等，它之于互联网正如互联网之于我们一样，难以分割，因为正是 TCP/IP 协议才让网络真正实现了"互联"。

就像不同的语言阻碍了人类的沟通一样，计算机也因为运行的操作系统不同，难以无障碍地共享信息，而 TCP/IP 协议统一了网际间的交流语言，突破了不同计算机之间的"交流壁垒"，让人们能够在不同操作系统的环境中进行信息的自由交流。

随着各国不断在海底铺设通信光缆，TCP/IP 协议让互联网分布得越来越广、越来越远，由此让世界各国的人民越来越近，信息的交流越来越快。可以说，TCP/IP 协议重新定义了世界各国人民之间的距离。

TCP/IP 协议如此重要，但它的发明者温顿·瑟夫和罗伯特·卡恩却并没有将它视为一项私人财产据为己有，而是将这项伟大的技术贡献给了全世界，不遗余力地推广着互联网。1973 年，温顿·瑟夫和罗伯特·卡恩在设计互联网时做出了一项重要决定，一定要让电脑之间实现自由的信息交流，于是，在 1975 年布设互联网的时候，两人一致决定要将这项技术作为送给全世界的礼物，共享给所有人。

互联网取得的巨大成功并没有让温顿·瑟夫和罗伯特·卡恩后悔未对这项技术申请专利。"如果新技术不是无偿和免费的话，人们就会远离我们而去。"温顿·瑟夫如是说。

并非所有的互联网参与者都像温顿·瑟夫和罗伯特·卡恩一样慷慨，但不可否认的是，慷慨的共享是推动一门技术普及的重要因素。作为互

联网的重要精神，共享精神一直存在于互联网之中。我们从互联网中索取，也应向互联网贡献我们的智慧，只有不断保持这种良性的共享循环，才能破除互联网环境下的阴暗面，促进互联网的健康发展。

网事 拾遗

有关 TCP/IP 协议的大事记：

1970 年，阿帕网主机开始使用网络控制协议 (NCP)，这就是后来的传输控制协议 (TCP) 的雏形。

1972 年，Telnet 协议推出。Telnet 用于终端仿真以连接相异的系统。在 20 世纪 70 年代早期，这些系统使用不同类型的主机。

1973 年，文件传输协议 (FTP) 推出。FTP 用于在相异的系统之间交换文件。

1974 年，传输控制协议 (TCP) 被详细规定下来。TCP 取代了 NCP，它为人们提供了更可靠的通信服务。

1981 年，IP 协议被详细规定下来。IP 为端到端传递提供寻址和路由功能。

1982 年，美国国防通信署（DCA）在阿帕网上建立了 TCP 协议和 IP 协议。

1983 年，阿帕网将 NCP 协议替换为 TCP/IP 协议。

1984 年，域名系统 (DNS) 推出。DNS 可将域名解析为 IP 地址。

1995 年，互联网服务提供商开始向企业和个人提供 Internet 接入业务。

1996 年，超文本传送协议（HTTP）推出，万维网使用 HTTP。

1996 年，互联网协议第六版的标准被发布。

历史 回声

我们的生活、我们的记忆和我们珍惜的家庭照越来越多是以数字形式存在的。但是随着科技的发展，由于数字革命加速，它们有丢失的危险。

——TCP/IP 协议的发明者　温顿·瑟夫

在互联网数字架构问题中，互联网在几十年前出现时希望实现电脑与电脑的连接，所以当时使用 IP 来实现电脑间的数据传输和互动，而我们如今更多地处理信息，我们称这些信息为数字物体。所以我认为，我们应该创造一个数字物体的社会，就像我们创造互联网一样，让我们更加容易地理解互联网信息，无论这个信息是来自机器学习还是其他。

——TCP/IP 协议的发明者　罗伯特·卡恩

只有两种编程语言：一种是天天挨骂的，另一种是没人用的。

——计算机科学家、C++ 语言之父　本贾尼·斯特劳斯特卢普

▶ 第三节　终于连接起来

史海钩沉

　　1980 年的一天，一名叫蒂姆·伯纳斯·李的年轻人端着咖啡走过实验室走廊，盛放的紫丁香花丛散发出幽雅的花香，伴随着醇香的咖啡味飘来，刹那间，蒂姆头脑中涌出一个想法：既然人脑可以通过相互关联的神经传递信息，如咖啡香和紫丁香等，为何不能经由电脑文件互相连接形成"超文本"呢？虽然超文本在 20 世纪 80 年代后期出现，但并没有人想到将这项技术应用到计算机网络上来。

　　这名在核研究所工作的年轻人迅速采取行动将想法付诸实践，此前

他已经成功编制了第一个高效的局部存取浏览器"Enquire"，并把它应用于数据共享。1989 年，蒂姆成功开发出世界上第一个 Web 服务器和第一个 Web 客户机。虽然这个 Web 服务器十分简陋，只允许用户进入主机以查询每个研究人员的电话号码，但它的确是一个所见即所得的超文本浏览和编辑器。

1989 年 12 月，蒂姆将这项发明定名为"World Wide Web"，即我们熟悉的万维网。1991 年 5 月，万维网在 Internet 上首次露面，立即引起轰动，获得了极大的成功，被广泛推广、应用。2017 年，蒂姆因"发明万维网、第一个浏览器和使万维网得以扩展的基本协议和算法"而获得 2016 年度的图灵奖。

> **超文本**：用超链接的方法，将不同空间的各种文字信息组织在一起的网状文本。超文本更是一种用户界面范式，用以显示文本及文本之间相关的内容。

溯源揽胜

1968 年，美国国防部高级研究计划局组建了一个计算机网，名为"阿帕网"（Advanced Research Projects Agency Network，ARPANET）。阿帕网就是互联网的雏形。虽然在此之前计算机网络就已出现，但阿帕网却是世界上最早的分组交换网络，也是最早实现 TCP/IP 传输协议的网络，这两项技术正是当今互联网的基础技术，它们为不同网络之间实现连接和资源共享提供了技术支撑。

> **分组交换**：为适应计算机通信而发展起来的一种先进通信手段，可以满足不同速率、不同型号的终端与终端、终端与计算机、计算机与计算机间以及局域网间的通信，实现数据库资源共享。
>
> **TCP/IP 传输协议**：传输控制 / 网络协议，也叫作网络通信协议，是网络使用中最基本的通信协议。

将独立的计算机连接起来的设想酝酿已久，罗伯特·泰勒是最早的行动者。在美国国防高级研究规划署里，罗伯特的办公室放置着三台终端计算机，每个终端都连接着一个独立的学术研究院，虽然研究员们可以通过这个机器与罗伯特联系，但彼此之间却难以互通有无，这严重影响了大家的交流与合作。罗伯特萌发了新型计算机网络试验的设想，并筹集到资金以启动试验。1967 年，时年 29 岁的计算机天才拉里·罗伯茨在罗伯特的"胁迫"下正式加入，并提出了"阿帕网"的构想。在他的引领下以及多所大学和研究机构的共同努力下，阿帕网正式诞生。

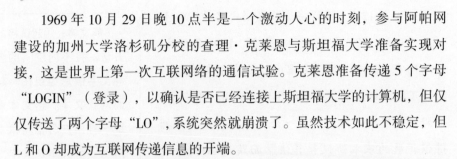

1969 年 10 月 29 日晚 10 点半是一个激动人心的时刻，参与阿帕网建设的加州大学洛杉矶分校的查理·克莱恩与斯坦福大学准备实现对接，这是世界上第一次互联网络的通信试验。克莱恩准备传递 5 个字母"LOGIN"（登录），以确认是否已经连接上斯坦福大学的计算机，但仅仅传送了两个字母"LO"，系统突然就崩溃了。虽然技术如此不稳定，但 L 和 O 却成为互联网传递信息的开端。

1969 年，阿帕网第一期投入使用，连接了美国的四所大学——加利福尼亚大学洛杉矶分校、斯坦福大学研究学院、加利福尼亚大学和犹他州大学，一年后，扩大到 15 个节点。1973 年，阿帕网跨越大西洋利用卫星技术与英国、挪威实现了连接，扩展到了更大范围。

1975 年，阿帕网由美国国防部通信处接管。1982 年，阿帕网被停用过一段时间。1983 年，阿帕网被分成两部分，即用于军事和国防部门的军事网（MILNET）以及用于民间的阿帕网。用于民间的阿帕网改名为"互联网"。在同一年，阿帕网的 TCP/IP 协议在众多网络通信协议中胜出，成为我们至今共同遵循的网络传输控制协议，它定义了电子设备如何连入网络，以及数据如何在它们之间传输。

1991 年 8 月 6 日，蒂姆·伯纳斯·李的万维网（World Wide Web，WWW）的公共服务在互联网上首次亮相，Web 客户端（常用浏览器）访问、浏览 Web 服务器上的页面得以实现。他随后又对这种网络系统进行了修改，研究出了能够在全球范围内进行网络共享的 HTTP、HTML 和 URL 三大技术。

知史明智

如果说计算机的发明为人类开启了自动计算的大门，那么，互联网的诞生无疑是人类文明史上最耀眼的光芒，这项将各种计算机连接起来的技术，不仅仅为我们提供了新的通信手段和资源共享渠道，而且在世界的经济、文化和政治等领域产生了革命性影响，丰富了我们的生产生活方式，推动了人类社会的进步。

一是互联网促进了文化的传播与创造。互联网从技术上跨越了地域障碍，实现了各国人民的实时连接，搭建起了各国人民文化交流的桥梁。在网络上观看国外最新大片，利用网络畅听欧美新歌，在网络平台上欣赏日韩综艺……这些我们现在最常见的文化娱乐活动，在没有互联网的时代只能存在于幻想之中。互联网不仅为文化传播提供了迅捷的通道，也为文化的创造与繁荣搭建了崭新的平台。

越来越多的网络文化通过互联网涌现出来，并在网上汇聚、交换、融合与发展，如今，网络文化已成重要的文化形态，并凭借其丰富多彩的内容，进入世界各国人民的视野，促进了各国人民的文化交流、互动与创新。

二是互联网为经济的发展注入了新的活力。在互联网技术的冲击之下，传统的经济模式和产业发生了巨大转变，一种崭新的经济现象——互联网经济由此诞生。互联网经济主要包括电子商务、互联网金融、即时通信、搜索引擎以及网络游戏五种类型，其生产、交换、分配、消费等经济活动依托于信息网络而生存与发展。以电子商务为例，从前，我们的商品购买行为多发生于商店等实体经营场所，而互联网技术为商品交易、经济信息发布提供了一个虚拟平台，我们可直接从网络上挑选与购买商品，企业与企业之间也可通过网络进行经济信息交换与传递。同时，互联网电子商务平台的崛起大大刺激了餐饮、服装、日用品的销售，也吸引了大量劳动力涌入物流、电商、网约车等服务行业。社会经济活动在互联网技术带动下迸发出全新的活力。

互联网虽然有着蓬勃的生命力和巨大的影响力，但这并不代表它是完美无瑕的，网络暴力、网络谣言、网络赌博、网络诈骗、网络色情等负面信息同样在网络世界中存在着，并以其伪装性和破坏性损害青少年的身心健康。因此，我们在享受互联网带来的种种便利时，也应不断提

升网络素养，精准识别网络不良信息，做一名智慧的网络达人。

"互联网之父"这一美称并不是特指某一个人，它被先后授予了多人。世界公认的互联网之父有罗伯特·泰勒、拉里·罗伯茨、蒂姆·伯纳斯·李、温顿·瑟夫、罗伯特·卡恩等人。

拉里·罗伯茨是 ARPA 的总设计师，也是互联网从构思到实施的总设计师，ARPA 网项目的项目计划、网络架构、项目投标等都是拉里·罗伯茨完成的。

蒂姆·伯纳斯·李是万维网的发明者。1989 年 3 月他正式提出万维网的设想。1990 年 12 月 25 日他在日内瓦的欧洲粒子物理实验室里开发出了世界上第一个网页浏览器。他是关注万维网发展的万维网联盟的创始人，并获得了世界多国授予的各种荣誉。他最杰出的成就是把免费万维网的构想推广到全世界，让万维网科技获得迅速的发展，改变了人类的生活面貌。

温顿·瑟夫是互联网基础协议——TCP/IP 协议和互联网架构的联合设计者之一、谷歌全球副总裁、Internet 的奠基人之一。

罗伯特·卡恩是 TCP/IP 合作发明者，互联网雏形 ARPA 网络系统设计者，"信息高速公路"设计参与者，美国国家工程协会成员，美国国家电气与电子工程师学会成员，美国人工智能协会成员，美国计算机协会成员。1986 年，他创立了美国全国研究创新联合会并任主席。

我想互联网有一个桥梁的作用，它就是文明交流的桥梁。其实文化的交流有利于商业合作，企业想要成长的话，它也要更好地了解不同文化之间的差异，去尊重这个差异。

——中欧数字协会主席　鲁乙己

网络正在改变人类的生存方式。

——微软公司创始人　比尔·盖茨

如果错过互联网，与你擦肩而过的不仅仅是机会，而是整整一个时代。

——8848 网站创建人　王峻涛

第四节　芯片

　　位于美国加利福尼亚北部的大都会区旧金山湾区一直是美国海军的一个工作站点和研究基地，许多科技公司都依托此地而建，虽然后来NASA接手了海军原来的工程项目，但大部分公司仍保留了下来，也有新公司加入进来，旧金山湾区开始发展成为航空航天企业聚集区，成为不少大学生毕业后找寻工作的好去处。

　　斯坦福大学的弗雷德·特曼教授由此在学校里选择了一块很大的空地，并设计了一些方案来鼓励学生们在当地创业投资。惠普公司首先成立了，创立者是特曼教授的学生威廉·休利特和戴维·帕卡特，地点为一间车库。

　　1951年，特曼成立斯坦福研究园区，将园区的小工业建筑便宜出租给小科技公司，为这些刚起步的小公司提供了栖身之所。随着越来越多的公司入驻园区，这些地租成了斯坦福大学的经济来源。20世纪50年代，特曼教授决定以"谷"为原则建造新的基础设施。

　　在这样的氛围下，科学家威廉·肖克利搬到了这里，创办起肖克利晶体管公司，并从东部招揽来八位杰出的年轻人——罗伯特·诺伊斯、戈登·摩尔、尤金·克莱尔、谢尔顿·罗伯茨等。肖克利打算设计一种能够替代晶体管的元器件，但遭遇了瓶颈，这让原本就执拗的他对员工们更加严格，直接促使这八位年轻人（后被称为"八叛徒"）集体跳槽。

"八叛徒"成立了仙童半导体公司，给旧金山湾区带来了半导体产业，因半导体的材料是硅，因此到 20 世纪 70 年代旧金山湾区被人们称为"硅谷"，为年轻人提供创业平台的特曼教授也被称为"硅谷之父"。

溯源揽胜

硅作为一种重要的半导体材料被发现并被广泛使用经历了一个复杂又漫长的过程。

19 世纪 30 年代至 20 世纪初，各国科学家先后发现了半导体的许多特征。1833 年，"电学之父"迈克尔·法拉第首次发现了半导体现象。他发现硫化银的电阻随着温度的上升而下降，这与一般的金属随温度上升而发热的现象相反。1839 年，法国的亨利·贝克莱尔发现光生伏特效应。1873 年，英国的史密斯发现硒晶体材料在光照下电导增加的光电导效应。1874 年，德国的布劳恩观察到某些硫化物导电有方向性。1879 年，霍尔发现的霍尔效应定义了磁场和感应电压之间的关系。

1904 年，英国科学家约翰·安布罗斯·弗莱明为其发明的电子管申请了专利，标志着第一只电子管的诞生。随后，半导体材料及其特性不断被发掘，半导体领域也开始经历从电子管、晶体管到集成电路、超大规模集成电路的发展历程。

晶体管是集成电路的根本，故事中的肖克利被称为"晶体管之父"。

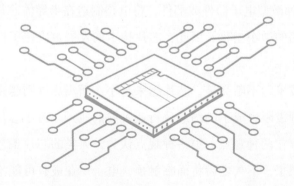

1947 年，他和他的两位同事在贝尔实验室共同发明了晶体管，这是一种用以代替真空管的电子信号放大元件，被誉为"20 世纪最重要的发明"。

20 世纪中后期，半导体制造技术的不断进步使得集成电路成为可能。1958 年，杰克·基尔比研制出世界上第一块集成电路，成功地将电子器件集成在一块半导体材料上，为制造微处理器和开发电子产品创造了条件，开创了电子技术的新时代。从此，集成电路取代了晶体管。

1959 年，美国仙童半导体公司、"八叛逆"之一的金·赫尔尼发明了平面工艺，使用硅制造晶体管，奠定了硅作为电子产业中关键材料的地位。同年，"八叛逆"中的罗伯特·诺伊斯写出了打造集成电路的方案，并发明了世界上第一块硅集成电路。诺伊斯还推动半导体产业走向了商用，他与戈登·摩尔还创办了英特尔公司——目前世界上最大的设计和生产半导体的科技公司。

1964 年，戈登·摩尔总结出了摩尔定律，揭示了芯片技术发展的规律，推动了集成电路的不断发展和极致创新。

作为人类最伟大的发明之一，芯片可以被视为现代电子信息产业的"心脏"。我们日常使用的手机、平板、电脑及各种家用电器等都离不开芯片，芯片还被广泛应用于汽车、高铁、电网、医疗设备等，此外，5G、物联网、云计算等新兴科学技术也离不开芯片的支撑。

芯片是一种微型电子器件或部件，将电路制造在半导体芯片上，可以实现集成电路的微小型化。因此，芯片技术的发展也决定了计算机小型化的实现程度。

随着芯片技术的不断突破，芯片越来越小，而集成度则越来越高，芯片面临的物理极限也成了制约芯片行业发展的瓶颈。对于芯片物理极限的问题目前存在两种观点，第一种观点认为，人类的芯片工艺精度已经逼近物理极限了，不久之后将面临触顶，电子产业极有可能沦为夕阳产业；第二种观点则较为乐观，认为芯片的物理极限标志着下一轮技术突破的开始。第二种观点直面了芯片所面临的两大物理极限——光的波长限制和量子效应，并提出了突破途径。

芯片的制造依赖于光刻技术，可以说，光刻技术是目前集成电路制造技术的核心，只有通过几十次，甚至更多次的光刻才能完成一块芯片，因此光的波长限制是芯片的一个物理极限。倘若降低用于曝光的光线的波长，从而提高分辨率，就能在同等面积的硅晶圆上生产更多芯片。随着芯片的不断变小，新的极限又来了，也就是分辨率的提高的极限，若分辨率增强技术得以创新，就可以制造出更小波长的光刻机，芯片的第一个物理极限就可以突破了，摩尔定律也可以被延续。此外，替代光刻技术的纳米压印技术、数字减影技术也在不断地被探索中，有望成为突破芯片物理极限的另一扇大门。

然而，无论再怎么寻求继续让芯片尺寸缩小的办法，芯片仍然摆脱不了另一物理极限——量子效应。随着芯片尺寸的不断缩小，集成电路的耗能会增加，散热问题也会更加难以解决，当芯片尺寸小到一个极限时，量子效应会造成集成电路中的数字电路出现逻辑错误。面对这一限制，科学家们便需要突破当前电子计算机的设计理念，去开发量子计算机，让量子计算取代数字计算，推动计算机步入另一个新纪元。

虽然，目前关于突破芯片物理极限的技术还在不断探索之中，量子计算机的设计也处于理念阶段，但我们或许可以从这些观点和思路中获得希望和能量，正如庞大笨重的计算机蜕变为现在精巧快捷的电脑一样，又或者像我们从最初的几台电脑的连接拓展到局域网再发展到如今的互联网一样，历史用成功的经验告诉我们，科技产品的极限不是终点，人类将用智慧不断去实现技术突破，开创出全新的科技时代。

芯片技术的发展是衡量一个国家电子信息产业进步的重要指标，那

么，芯片在我国经历了怎样的发展过程呢？

20世纪50年代中期，我国开始发展半导体。1956年，我国将电子工业列为重点发展目标，中国科学院成立了计算技术研究所，北京大学开设了半导体专业。1958年，上海组建了华东计算技术研究所、上海元件五厂、上海电子管厂、上海无线电十四厂等，这些研究单位和工厂为半导体产业的发展奠定了研究基础和实践基础。

1965年，我国自主研制的第一块单片集成电路在上海诞生。从此，我国步入了集成电路时代。

1972年，美国总统尼克松访华，开启了我国从美国引进技术的大门。从美国引进技术后，上海无线电十四厂在1975年成功开发出当时我国最高水平的1024位移位存储器，并达到了国外同期水平；同年，中科院109厂生产出我国第一块1024位动态随机存储器。

这段时期，可以说是我国集成电路从无到有的创业时期。

1978年到1989年，我国集成电路进入探索前进期。1982年10月，国务院成立了"电子计算机和大规模集成电路领导小组"，制定中国芯片发展规划。1985年，航天691厂技术科长侯为贵在深圳创立了中兴半导体，也就是中兴通讯的前身。1988年，上海无线电十四厂建成了我国第一条4英寸芯片的生产线。

20世纪90年代，我国集成电路迎来重点建设时期，国务院于1990年决定实施"908工程"；1992年，上海飞利浦公司建成了我国第一条5英寸芯片生产线；1993年第一块256K DRAM在中国华晶电子集团公司试制成功；1999年，上海华虹NEC电子有限公司的第一条8英寸芯片生产线正式建成投产……

2000年至2011年是我国电路产业的发展加速期。2000年，中芯国际集成电路有限公司在上海成立；2008年，中星微电子有限公司生产的手机多媒体芯片的全球销量突破1亿枚……

2012年至今，我国集成电路产业处于高质量发展时期。2012年，《集成电路产业"十二五"发展规划》发布；2014年，《国家集成电路产业发展推进纲要》正式发布实施；2015 年，中芯国际集成电路制造有限公司的 28 纳米产品实现量产；2016 年，第一台全部采用国产处理器构建的超级计算机"神威·太湖之光"获世界超算冠军……

芯片在我国的发展夹杂着艰辛和喜悦。未来，我国将继续发扬革新精神，突破外界封锁，在危机和机遇共存的芯片发展道路上展现属于中国的风采。

历史回声 --

科学需要幻想，发明贵在创新。

——美国电学家和发明家　爱迪生

科学就是整理事实，以便从中得出普遍的规律和结论。

——英国生物学家　达尔文

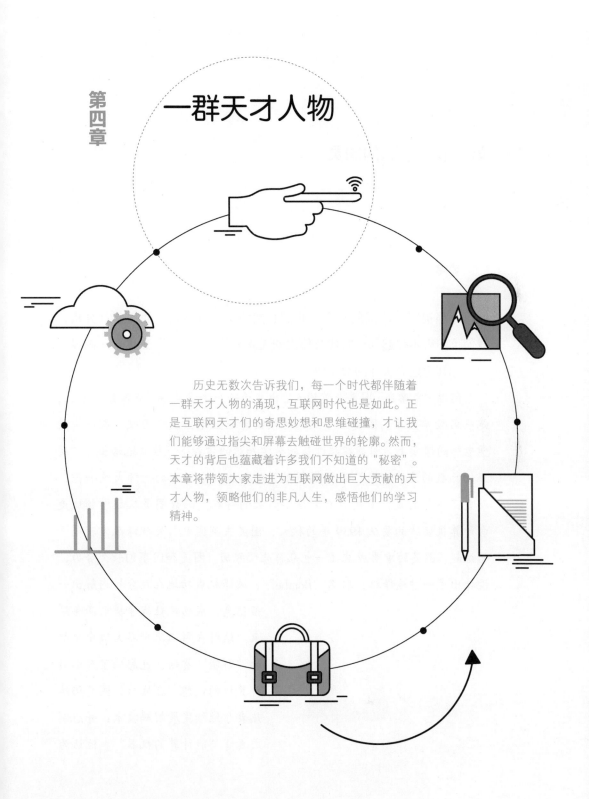

第四章

一群天才人物

历史无数次告诉我们，每一个时代都伴随着一群天才人物的涌现，互联网时代也是如此。正是互联网天才们的奇思妙想和思维碰撞，才让我们能够通过指尖和屏幕去触碰世界的轮廓。然而，天才的背后也蕴藏着许多我们不知道的"秘密"。本章将带领大家走进为互联网做出巨大贡献的天才人物，领略他们的非凡人生，感悟他们的学习精神。

▶ ## 第一节　永远的图灵

史海钩沉 ┈┈┈┈┈┈┈┈┈┈┈┈┈┈┈┈┈┈┈┈┈┈┈┈┈┈┈┈┈┈┈┈┈┈┈┈┈┈┈

　　每当提起互联网的历史，我们必然绕不开计算机，而提起计算机，我们也不得不提起那个时代最伟大的天才人物——阿兰·麦席森·图灵。

　　你知道这个天才的故事吗？

　　阿兰·麦席森·图灵是英国人，出身于一个半贵族半资产阶级的家族，是一名数学天才。图灵六年级的时候便开始显现出数学天赋，在一次数学老师的课堂上，图灵在越过基础数学知识的方式下，独立地给出了"反正切函数的无穷级数"这种高等数学的知识，令所有的老师大吃一惊，而更了不起的是，他能够看到这个级数的存在。而让图灵从数学领域走向计算机领域的要从 1939 年的秋天，图灵去英国电信处破译敌方密码开始说起，图灵的重要成就之一也来自此段经历。图灵和同事们长久努力，设计出了一种破译机，取名"Bombe"，破译机成功地在几分钟内解出一条信息，成功地让战争提前两年结束。这种在第二次世界大战中卓越的"解密"贡献，也影响了人们对计算机的设想。在战后，图灵仍然热衷于继续发展解码技术，并想制成真正"能计算的机器"。他认为

总有一天，人类在科学、艺术各个领域都会遇到机器的挑战。而后，图灵发明了图灵机，虽然图灵机的本身没有直接带来计算机的发明，但是使得他对计算有了本质认识。而图灵于 1950 年发表的《计算机器和智能》（"Computing Machinery and Intelligence"）提出了著名的"图灵测试"，使得图灵被世人冠以"人工智能之父"的称号。他杰出的贡献使他成为计算机界的第一人，因此，人们为了纪念这位伟大的科学家，遂将计算机界的最高奖定名为"图灵奖"。

接下来，我们就来仔细了解一下这个奠基了人工智能时代的图灵测试到底是什么吧！

溯源 揽胜

"机器会思考吗？"是 1950 年图灵发表的《计算机器和智能》中提出的问题。在这篇论文里，图灵第一次提出"机器思维"的概念。他逐条反驳了机器不能思维的论调，做出了肯定的回答。他还对智能问题从行为主义的角度给出了定义，由此进行了一个试验，试验由计算机、被测试的人和主持人组成。计算机和被测试的人分别在两个不同的房间里。由主持人提问，由计算机和被测试的人分别做出回答。被测试的人在回答问题时尽可能表明他是一个"真正的人"，而计算机也将尽可能逼真地模仿人的思维方式和思维过程。如果主持人听取他们各自的答案后，分辨不清哪个是人回答的，哪个是机器回答的，则可以认为该计算机具有智能。这就是著名的"图灵测试"。

2014 年 6 月，英国雷丁大学做了一个测试，5 个参赛的电脑程序之一的"尤金·古斯特曼"成功地"伪

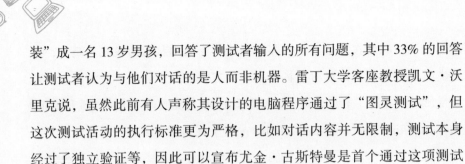

装"成一名13岁男孩，回答了测试者输入的所有问题，其中33%的回答让测试者认为与他们对话的是人而非机器。雷丁大学客座教授凯文·沃里克说，虽然此前有人声称其设计的电脑程序通过了"图灵测试"，但这次测试活动的执行标准更为严格，比如对话内容并无限制，测试本身经过了独立验证等，因此可以宣布尤金·古斯特曼是首个通过这项测试的电脑程序。这也是人工智能的一个里程碑事件。

如果有一台电脑，其运算速度非常快、记忆容量和逻辑单元的数目也超过了人脑，而且还为这台电脑编写了许多智能化的程序，并提供了合适种类的大量数据，使这台电脑能够做一些人性化的事情，如简单地听或说，回答某些问题等；那么，我们是否就能说这台机器具有思维能力了呢？或者说，我们怎样才能判断一台机器是否具有思维能力呢？因此，图灵测试这个试验可能会得到大部分人的认可，但是不能使所有的人感到满意。

图灵在1950年用它著名的问答测试重新提出关于"机器能否思考"这个问题时，ENIAC的升级版本已经在计算飞行路径，并且计算结果可靠。正是由于这样的环境基础，美国国防部下拨了大笔预算资金，使得许多业界研究人员以及开发人员迅速提高了计算机的计算性能，从而为第一个AI程序创造了必要的硬件条件。

1956年的夏天，达特茅斯会议召开，近20位信息理论学家、电子工程师、数学家以及心理学家参会，这次大会标志着人工智能这门年轻的学科有了自己的名字，人工智能时代开启了。

图灵测试具有片面性。图灵测试虽然形象地呈现了计算机智能和人类智能的模拟关系，但是图灵试验还是片面性的试验。通过试验的机器当然可以认为具有智能，没有通过试验的机器只是因为对人类了解得不充分而不能模拟人类，但仍然可以认为具有智能潜能。

同时，科学家们也提出图灵测试还有几个值得推敲的地方，比如主持人提出问题的标准，在试验中没有明确给出；被测试人本身所具有的智力水平，图灵试验也疏忽了；而且图灵试验仅强调试验结果，而没有反映智能所具有的思维过程。所以，图灵试验还是没能完全呈现机器智能的问题。

虽然图灵测试存在缺陷，但是图灵本人的成就仍旧是值得我们后代研究者学习和瞻仰的。图灵的思想活跃，他的创造力也是多方面的。据同事们回忆，他在战时的秘密工作中曾创造过很多种新的统计技术，这些技术未形成论文发表，后来又重新为他人所发现，由瓦尔德重新发现并提出的"序贯分析"就是其中之一。他对群论也有所研究，在《形态形成的化学基础》一文中，他用相当深奥而独特的数学方法研究了决定生物的颜色或形态的化学物质（他称之为成形素）在形成平面形态（如奶牛体表的花斑）和立体形态（如放射形虫和叶序的分布方式）中分布的规律性，试图阐释"物理化学规律可以充分解释许多形态形成的事实"这一思想，生物学界在 20 世纪 80 年代才开始探讨这一课题。图灵还进行了后来被称为"数学胚胎学"的奠基性研究工作。他还试图用数学方法研究人脑的构造问题，例如估算出一个具有给定数目的神经元的大脑中能存贮多少信息的问题等。这些，至今仍然是吸引众多科学家的新颖课题。人们认为，图灵是一位科学史上具有非凡洞察力的罕见的奇才：他的独创性成果使他生前就已名扬四海，而他深刻的预见使他死后备受敬佩。当人们发现后人的一些独立研究成果似乎不过是在证明图灵思想超越时代的程度时，都为他的英年早逝感到由衷惋惜。

网事 拾遗

信息科学这门学科在 20 世纪 40 年代诞生，我们在蒸汽动力革命、电力革命之后见证了信息革命。那时，大家认为计算机可以根据人类预设的指令和程序，快速地传递、计算和处理人类无法想象的大量数据，

甚至还将是一种能够和人类一样可看、可听、可写、可说、可动、可思考、可以复制自身甚至可以有意识的机械。现在有了诸如 Siri、Cortana、IBM Watson 等各类人工智能产品，也有像"深蓝"一样的超级计算机，有关人工智能的各种新闻和事件也不时出现。这些技术的基础便来自图灵机。

图灵机是图灵在 1936 年提出的一种抽象的计算模型。它虽然结构简单，却可以描述任何人类能够完成的逻辑推理和计算过程。用通俗的话说，图灵机的计算能力是人类能够完成的所有计算的全部能力。一个问题只要是可判定的，计算过程只要可以被符号和算法表达出来，它就可以使用图灵机来完成计算。当时很多学者都无法想象这么一台看起来跟打字机差不多的东西，会是一个能够承载人类所有可以完成的计算的模型。此前，"计算"能力是被视为与"思考"相类似的人类抽象能力，大家一时间很难接受"计算"可以被如此简单的模型所概括。

目光所及之处，只是不远的前方。即使如此，依然可以看到那里有许多值得完成的工作在等待我们。

——计算机科学之父　阿兰·麦席森·图灵

互联网是一股变革的力量。互联网几乎改变了每个人的生活，而在即将到来的几年内，它将继续带来更多的变化。我认为我们目前所处的位置，无论从技术还是从社会角度看，没有互联网的话，人类几乎将不能存在。

——美国物理学家　艾伯特-拉斯洛·巴拉巴西

互联网技术给了我们与人交流的新方式、创造内容的新方式、发现和组织信息的新方式，同时它给了我们把各自排除在外的新方式。从整体上说，我认为个人被赋予了更大的权利，因为互联网使得准入壁垒降低了。

——微软研究院首席研究员　邓肯·沃茨

第二节 比尔·盖茨

你知道的比尔·盖茨是什么样的呢？或许是一个有着很多很多钱，满头白发的老头子，又或许是一个严肃、冷静的智者？其实这些都不是他，但也都是他。

1955 年 10 月 28 日比尔·盖茨出生于美国华盛顿州西雅图市，从小就开朗活泼，是一个精力充沛的孩子。他会在摇篮里来回晃动，大一点之后又会花时间骑弹簧木马，他带着摇摆的习惯进入成年期，创办了微软公司，最后终于撼动了整个世界。

比尔·盖茨在中学时酷爱数学和计算机，保罗·艾伦是他最好的校友，两人经常在湖滨中学的电脑上玩三连棋的游戏。那时候的电脑就是一台 PDP-8 型的小型机，学生们可以在一些相连的终端上通过纸袋打字机玩游戏，也能编一些诸如排座位之类的小软件。小比尔·盖茨玩起来得心应手。13 岁时比尔·盖茨就开始设计计算机程序，于 18 岁考入哈佛大学。比尔·盖茨在哈佛就读一年后退学，投入自己的事业中。

比尔·盖茨对软件的开发产生兴趣源于《大众电子学》杂志封面 altair 8080 型计算机的图片。这个图片像是一个火种，点燃了比尔·盖茨对电脑的热情。此后，他和保罗在哈佛阿肯计算机中心没日没夜地探索了 8 周，为微型计算机配上了 Basic 语言。这开启了计算机软件业的大门，

同时为软件标准化生产奠定了基础。

此后，比尔·盖茨在 1975 年与好友保罗创办微软公司，在 1995—2007 年期间一直荣登福布斯全球亿万富豪榜榜首。业内评价比尔·盖茨引领微软公司不断走向成功的关键是因为他掌握了当时的局势，把握住了发展的时机。正如他本人所说："我个人以为，既然改变一定会发生，我们应该尽可能地利用它，而非阻止它。事实上，能够躬逢其盛，参与一个划时代的改变，我感到无比幸运。"着眼于事情变化的趋势，紧跟时代发展潮流，乘势而上。具有这样处世风格的他成就了自己的微软霸业，也开启了互联网的崭新篇章。

比尔·盖茨是第一位真正享受信息全球化带来的收益的世界首富。微软一直创造着知识经济的奇迹，被称为"迄今为止世界上致力于 PC 软件开发的最大、最富有的公司"。

但是你知道吗？其实微软在发展初期是被所有同行不看好的。

在创建微软之初，比尔·盖茨想建立实验室用以探索新的运算领域、新的用户界面、先进的编程技术。20 世纪 90 年代初，微软公司启动了微软研究院，从此以后它创造了无数新技术，使产品的功能更强，更便于使用。比尔·盖茨当时"固执"地认为，无论是现在还是将来，很多有影响力的工作都与软件有关。在比尔·盖茨和保罗·艾伦创业之时，他们就确立了以后公司发展的方向——为个人电脑设计标准的系统软件。

但是当时电脑界的许多大公司都把精力集中在电脑硬件的研发生产上，微软成了唯一一家软件开发公司。事实证明，比尔·盖茨的选择的道路是正确的，因为正是这唯一一家软件公司，改变了世界。

当时的电脑市场正孕育着一场革命，而暴风雨的前奏竟然是当时大家共享的软件。当电脑的硬件不断普及，价格直线下降的时候，软件突然变得有利可图。这样的变化让比尔·盖茨和他所有的同僚们激动万分。最杰出的人总能在强势知识刚刚露头时将它抓住，甚至成为强势知识的创造者和领头人。在那之后，对商业具有独特敏感性的比尔·盖茨又察觉到了电脑的一个新的发展趋势，那就是通用电脑中的"软件化"。这是电脑一个程序化的发展趋势，将对微软的命运起决定性的作用。微软由此慢慢走上了创立业界标准的道路。

此后，微软在众多软件公司中率先创立了自己的计算机科学研究机构，为未来各代产品的技术突破和开发建立新的基础，解决产品后续乏力的问题，因为如果缺乏基础研究，那么就没有创新和发展的基础，即使产品一时卖得火，也终究不会维持太久。

截至目前，微软凭借它的操作系统及办公软件在行业里占据了绝对的垄断地位，比尔·盖茨以自己的实践经历揭示了软件产业内蕴藏的旺盛生命力和巨大商业价值。

知史明智

你们知道微软一共创造了几个神话吗？

答案是四个，是的，没错！微软一共创造了四个神话：一是企业神话，二是个人创业神话，三是财富神话，四是技术神话。前面三个，我们已有一个详细的了解。接下来，我们就好好分析一下微软的技术神话给我们的社会带来了怎样的改变。

我们都知道文明的传承最早是口头语言，是语言文明。文字发明后，文明以文字为载体发展了相当长的时间，特别是印刷术的发明直接推动了文艺复兴。而微软的贡献在于，它将原本由印刷品承载信息的能力用

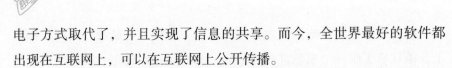

电子方式取代了，并且实现了信息的共享。而今，全世界最好的软件都出现在互联网上，可以在互联网上公开传播。

比尔·盖茨说："回顾一下过去 20 年的计算机发展史，你不难明白哪些公司取得了成功。取得成功的公司都是微软公司的合作伙伴。"

的确如此，微软以技术占领了市场，以技术制定了标准，成为大家公认的品牌，创造了自己的技术神话。

微软改变了我们使用电脑的方式。直到现在我们很多人都离不开 Windows 系统以及其广为使用的办公软件。我们的工作和生活，只要有用得上计算机的地方，便离不开这些软件。

微软的发展还带给了我们以精神启示。

比尔·盖茨认为，我们如今所面对的就是瞬息万变的市场，所有人都想努力打入这一市场。很少有人会获得巨大成功，尽管如此，还是有许多人在为争夺足够的用户而进行着激烈的角逐。因此，技术才是第一生产力，一定要不断创新，不断地发展，才能成为改变时代的标杆。

我们都知道，人生一定要向前看，眼光一定要长远。但是其实任何需要经过直线运动才能到达远距离目标的竞争行为，都有一个共同的原则——眼睛向前看！比如在摩托车赛场上，优秀的赛车手在努力超越对手时，眼睛会望向正前方的车道；在马拉松比赛的赛场上也一样，眼睛死死地盯着前方，毫无杂念，秉持一个念头，坚持努力，保持对周围环境的观察，才能超越别人，才能不被别人超越。

这是比尔·盖茨的精神，也是我们要学习的精神。

你知道微软名字的来历吗？

其实很简单，微软是英文"microsoft"的直译。"microsoft"一词在英文中是由"microcomputer"和"software"两部分组成的。其中，"micro"的来源是"microcomputer"（微型计算机），而"soft"则是"software"（软件）的缩写。

可是你们知道吗，微软以前也被叫作"坏小孩"。看到这里你也许会疑惑，为什么要叫它坏小孩呢？这可就与当时的年代有关了。

当时的微软在技术上和市场上的占有率，可谓是傲视群雄、所向披靡。它有两项无法超越的优点：它为终端用户提供了更大的自由，而且价格更低廉。同时，微软的软件也被设计成容易操作的，它使企业可以雇佣低廉、水准并不太高的系统管理员。微软的支持者认为这样做的结果导致"拥有总成本"的下降。因此，微软的软件对IT经理们来说代表了"安全"的选择，是一个特别吸引人的地方。

因为这样的优点，微软的Windows产品也顺理成章地垄断了桌面电脑操作系统市场，而在当时，几乎所有市场上出售的个人电脑都预装有微软的Windows操作系统。这使其竞争对手处境窘困，因为他们认为，微软试图利用其在桌面操作系统市场上的垄断地位来扩大其在其他市场上的市场份额。

因此，他们觉得微软垄断了市场，破坏了市场的竞争性，就像一个初来乍到不守规矩的小孩子一样。而后，认为微软是"坏小孩"的看法日益增多。

但是，当时的许多观察家也对这一现象提出了一个中肯的分析。他们认为，一方面，竞争对手不愿意承认微软的垄断地位，因为在一个被垄断的市场里，只有一家产品或服务提供商，将微软称为垄断者会将自己置于一个失败者的境地。这样做无疑是否定了自己的存在，或否定了自己能够生存、竞争的能力。另一方面，竞争对手又希望将微软比作垄断企业，因为这样做会给自己带来好处。首先，这有可能导致市场管理者（政府）的介入。其次，被看作"落水狗"的微软竞争对手有可能在公共关系上取胜，以刺激销售。

历史
回声

好的习惯是一笔财富，一旦你拥有它，你就会受益终身。养成立即行动的习惯，你的人生将变得更有意义。

——微软公司创始人　比尔·盖茨

切实执行你的梦想，以便发挥它的价值，不管梦想有多好，除非真正身体力行，否则，你永远没有收获。

——微软公司创始人　比尔·盖茨

如果你已经制订了一个远大的计划，那么就在你的生命中，尽最大努力去实现它吧。虽然行动不一定能带来令人满意的结果，但不采取行动就绝无满意的结果可言。如果不对一个好的梦想采取行动，哪怕你的梦想再宏伟，计划再周详，也只不过是纸上谈兵，竹篮打水一场空罢了。

——微软公司创始人　比尔·盖茨

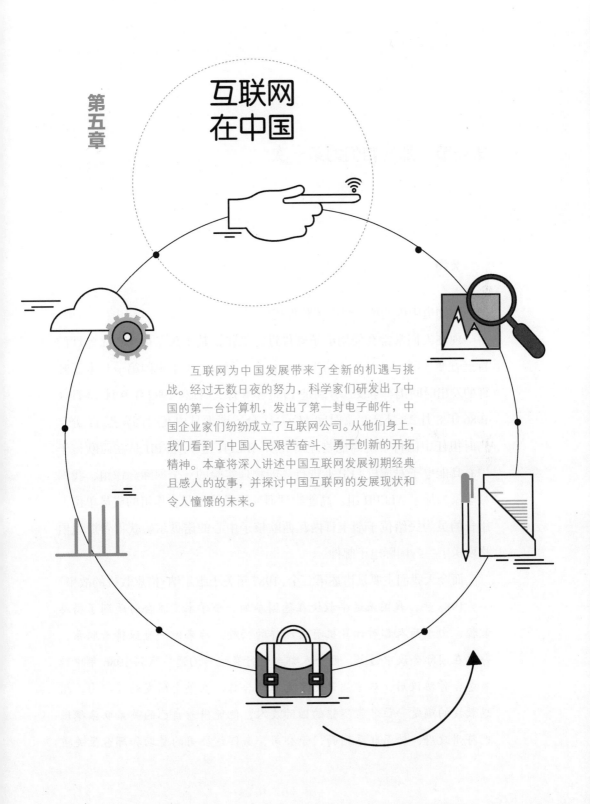

第五章

互联网
在中国

互联网为中国发展带来了全新的机遇与挑战。经过无数日夜的努力，科学家们研发出了中国的第一台计算机，发出了第一封电子邮件，中国企业家们纷纷成立了互联网公司。从他们身上，我们看到了中国人民艰苦奋斗、勇于创新的开拓精神。本章将深入讲述中国互联网发展初期经典且感人的故事，并探讨中国互联网的发展现状和令人憧憬的未来。

▶ 第一节　那些咱们的第一次

史海钩沉

你知道中国的第一封电子邮件吗？

现在人们常常会使用电子邮件进行工作，其永久保存性和完整性的特点方便人际、企业之间的沟通与合作。至今，关于中国第一封电子邮件的发出时间仍有争议，分别是 1986 年 8 月 25 日和 1987 年 9 月 14 日。1986 年 8 月 25 日，北京时间 11 点 11 分，瑞士日内瓦时间 4 点 11 分，当时担任中国科学院高能物理研究所 ALEPH 组（ALEPH 是在西欧核子中心高能电子对撞机 LEP 上进行高能物理实验的一个国际合作组，我国科学家参加了 ALEPH 组，高能物理研究所是该国际合作组的成员单位）组长的吴为民给位于瑞士日内瓦西欧核子中心的诺贝尔奖获得者斯坦伯格发送了一封国际电子邮件。

而今天我们主要是讲述第二个，1987 年关于维尔纳·措恩教授的故事。

1983 年，我国王运丰教授在德国参加一个学术交流会时遇到了措恩教授，由于两人都对计算机有着深厚的兴趣，后来便一直保持着联系，每次在国际会议中遇上，两个人都会进行交流与沟通。直到 1986 年中德签署合作协议后，双方便开始了真正的合作。在整个研发的过程中，措恩教授的确是一位非常不错的国际友人，他凭借着自己的关系联系德国巴符州政府，转而联系到西门子公司，赢得该公司的赞助和那台至关重要的西门子 7760 大型计算机。

这个合作项目从一开始便持续多年，那时电脑还未普及，想要研究就必须耗费大量的人力及财力，并经过层层审批。措恩教授在科研中对中国非常友好，不断地促进中国互联网事业的发展。

1987 年 9 月 14 日晚，措恩等人共同起草了一封电子邮件"Across the Great Wall we can reach every corner in the world."（越过长城，我们可以到达世界的每一个角落。）

为了能够成功发送电子邮件，当时我国与德国的专家们努力解决了许多链接问题。但是，CSNET（1980 年始于美国的网络，为各大学的计算机科学系提供电子邮件连接）邮件服务器上还存在着一个问题：PMDF 协议中的一个漏洞导致了死循环，导致这个邮件的成功发出被延迟。措恩教授当时以为第一次发送邮件以失败告终。为了减压，他决定出去旅游。在出去的过程中，他心里依旧整天惦记着自己的工作，时刻打听着北京项目的进展。

9 月 20 日这封邮件终于到达了德国，当时正在澳门的措恩收到邮件发送成功的消息，非常高兴。这是中国发送到德国的第一封电子邮件，也就是后来著名的"越过长城，走向世界"的邮件。

溯源 揽胜

2019 世界计算机大会发布数据显示，目前我国已成全球最大的计算机制造基地，产业规模位居世界之首。我国计算机领域能取得如此卓越的成绩，自然是众多能人志士不懈努力、坚持的结果。

那么中国第一台计算机是什么时候产生的呢？下面让我们一起来回顾一下。

　　1953 年的冬天，中国科学院数学与系统科学研究所提出组建中国第一个计算机科研小组，清华大学电机工程与应用电子技术系闵大可教授任组长，华罗庚也参与其中。这次组建专家研究团队的目的是中国人要研究自己的计算机，实现中国的技术崛起。1956 年，我国制定了发展我国科学的十二年远景规划，计算技术属于规划之列，华罗庚为计算技术规划组组长。同年，中国第一台通用数字电子计算机"103 机"设计完成，国营 738 厂（北京有线电厂）承担该计算机的制造工作。

　　俗话说"万事开头难"，在计算机领域则是万事开头"大"。据了解，中国第一台通用数字电子计算机仅主机部分的几个大型机柜就占地 40 平方米，机体内有近 4000 个半导体锗二极管和 800 个电子管。1958 年 8 月 1 日，103 机成功完成 4 条指令的运行，这标志着由中国人制造的第一架通用数字电子计算机正式诞生。103 机采用磁芯和磁鼓存储器，内存仅有 1kB，运算速度为每秒 30 次。但仅一年之后，104 机就成功问世，运算速度提升到每秒 1 万次。从 30 次到 1 万次，只用了一年多的时间。

　　中国计算机研发与制造不仅实现了从无到有，还达成了跻身世界前列的成就。其中，最值得一提的便是超级计算机，它是衡量一个国家科学技术发展和综合国力的重要指标之一。我国第一台巨型计算机是国防科技大学计算机研究所自行研制的"银河-I 号巨型计算机"，这台超级计算机于 1978 年 5 月开始研制。

　　当然，"银河"之后还有"天河"。2013 年 6 月，"天河二号"摘夺世界超级计算机 500 强桂冠，中国超级计算机研制达到了世界领先水平。2016 年 6 月，世界首台峰值运算能力超过每秒 10 亿亿次、拥有千万核的超级计算机"神威·太湖之光"诞生，荣登当年全球超级计算机 500 强榜单的榜首。

知史明智

　　了解中国的第一台计算机的创造与发展后，可知其对我国发展具有巨大的价值与意义：

第一，计算机从根本上解决了文字资料的运输与储存问题，使得中国的信息传输变得更快速与便捷。以前的人们储存资料都是通过书籍、档案等，要想阅读相关资料就必须去图书馆、学校或者购买书籍等。但是有了计算机就完全不同了，我们可以将文字内容输入计算机，通过计算机独特的硬盘储存功能将其保存，这同时解决了纸质储存占用空间的问题。例如以前需要一间屋子存放书籍，现在仅需一个计算机硬盘就可以完全搞定。

第二，计算机极强的信息计算与处理能力能够帮助中国科研人员完成多种高强度的计算与演练工作。中国第一台电子计算机（103机）内存仅有1kB，但其运行速度已高达每秒30次。一年后，104机的运算速度达到每秒1万次。试想，如果我们小朋友用算盘进行一次计算需花1秒的时间，1万次就是1万秒，约167分钟，而计算机花1秒就能完成。强大的运算能力与数据处理能力能够推动我国数学、机械、经济等领域的快速发展，帮助科学家进行多次实验与运算，不断推进我国信息化的实现。

第三，具有跨时代的意义，标志着我国正在快速进入信息化时代。信息社会是指以信息技术为主体，社会的主要劳动人员变为信息的创作者与发布者，而信息成为影响世界、社会的重要资源。计算机的出现，标志着我国从农业国家和工业国家开始跨入信息化国家，从工业社会转向信息社会。任何时候，谁能够更快、更多地掌握信息资源，谁就将取得胜利。可以说，中国第一台计算机的成功运行极具划时代意义，我国的经济、文化等领域即将发生天翻地覆的变化。当然，事实也如此，计算机的出现改变了我们接受信息的方式与途径，现在很多年轻人获取资讯的途径不再只是报纸、电视等，而是随时都不离手的智能手机。

 网事拾遗

在中国互联网的早期发展阶段，中国科学院扮演着举足轻重的角

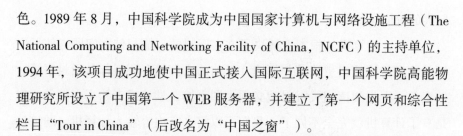

色。1989 年 8 月，中国科学院成为中国国家计算机与网络设施工程（The National Computing and Networking Facility of China，NCFC）的主持单位，1994 年，该项目成功地使中国正式接入国际互联网，中国科学院高能物理研究所设立了中国第一个 WEB 服务器，并建立了第一个网页和综合性栏目 "Tour in China"（后改名为 "中国之窗"）。

创立中国第一家互联网公司的不是马云，也不是马化腾，而是一位媒体女性——张树新。张树新出生于 1963 年，辽宁抚顺人，是 "中国信息行业的开拓者"。

1989 年至 1992 年，张树新曾在中国科学院高新技术企业局战略项目处从事企业战略研究工作，1992 年创办北京天树策划公司，1995 年创立瀛海威信息通信有限责任公司的前身北京科技有限责任公司（以下简称 "瀛海威"）。也就在很短的时间里，"瀛海威" 成为一个知名度很高的名词。在大多数人还未了解互联网之时，瀛海威已经在向公众普及 "互联网" 这一概念。

作为中国第一家互联网公司的瀛海威，具体做了什么？

第一，帮助用户接入互联网。普通用户想要接触互联网，就必须搭接网络连接入口，而瀛海威则为公众提供了网络连接门户。起初的瀛海威并没有自己的网络基础设施，都是依靠中国电信的电话线完成。那时的中国电信的技术与基础设施远强于中国联通与中国移动，故瀛海威一跃成为最大的网络服务商。

第二，向公众宣传互联网。据张树新回忆，为了宣扬互联网，瀛海威经常通过媒体或向政府官员阐释自己做企业的意义。在大众还不知道互联网是什么的时候，瀛海威的工作起到了实质的启蒙作用。

第三，提供网络信息与应用。早期的瀛海威创建了旨在提供网络咨询、娱乐等的 "瀛海威时空"，还拥有自己的中文论坛和虚拟货币。1997 年，瀛海威借助香港回归积极弘扬爱国主义教育，将延安历史故事、人物放到网上，做了 "网上延安" 的网络专题，后来延伸至 "网上中国"。

瀛海威作为中国第一家互联网企业，具有极大的价值与意义。它不仅启蒙了中国的互联网产业，更是时代的探路人。从它身上，我们能够看到中国人民的创新精神。

 历史回声

网络正在改变人类的生存方式。

——微软公司创始人　比尔·盖茨

我们已经看到，全世界将能够运用互联网，世界将会数字化。这将是一个令人惊奇的世界。届时，任何人在任何地方都能与任何人交流，并且与任何地方的人合作。想象一下，那个时候我们能够利用所有人的智慧，将能够解决世界上的多少问题。

——美国记者、经济学家　托马斯·弗里德曼

▶ **第二节　伟大的中国计算机科学家**

史海钩沉

我们都知道关于著名数学家华罗庚回国的感人故事，还有一位和华罗庚一样勇于回国的计算机科学家——姚期智。

姚期智出生于上海，祖籍为湖北孝感，1967年毕业于台湾大学物理学，后赴美国哈佛大学留学。在获得哈佛大学物理学博士学位后，26岁的他投身于美国伊利诺伊大学攻读计算机科学博士学位。1982年，姚期智担任斯坦福大学计算机系教授。

1993年，他最先提出量子通信的复杂性，1995年提出分布式量子计算模式，1998年被选为美国科学院院士。

正是由于他在计算机理论包括伪随机数生成、密码学与通信复杂度等方面为世界计算机发展做出了巨大贡献，2000年，美国计算机协会授予姚期智图灵奖。他是至今唯一获得图灵奖的华人学者。

要知道，这时的他不仅是图灵奖的获得者，还是美国科学院外籍院士、美国计算机协会会士、国际密码协会会士等。若留在美国，他将会成为世界计算机领域的顶尖科学家，获得无数名誉与财富。但他义无反顾地做出了令所有人惊讶的决定——回到中国！

2004年，姚期智辞去普林斯顿大学的工作，卖掉了在美国的房子，放弃在美国的一切，成为一名中国科学院外籍院士。不仅如此，2015年4月1日他放弃了美国国籍，2016年正式转为中国科学院院士。

在接受新华社记者采访时，他表示："多年来，得以培养我们的青年才俊，促进高端科研的开展，是我一生中感到最有意义的工作。此次感谢中科院特别立法，让我由外籍院士转为本国院士。能做回百分之百的中国人，我觉得万分的欣慰与骄傲！"[1]

每当清华的同学回忆起姚老师留给自己最初的印象，都会想到他穿着格子衬衫，站在黑板前的那个背影。"那是一颗种子，当时我们以为自己听懂了，后来我们才知道并没有，但当有一天我们真正听懂的时候，才知道那颗种子有多么的可贵。"吴辰晔感慨地说。[2]

2019年，姚期智院士被授予"清华大学突出贡献奖"。

溯源 揽胜

中国在计算机的发展初期出现了许多杰出的计算机科学家。

王选，计算机文字信息处理专家，计算机汉字激光照排技术创始人，被称为"汉字激光照排系统之父"。

1937年，王选出生于上海一个知识分子家庭，1954年考入北京大学数学力学系进行计算数学专业上的研究，毕业后留校在无线电系当助教，主持电子管计算机逻辑设计和整机调试工作。

1961年至1963年，王选开始将计算机硬件与软件相结合，并加强自

[1] 孙琪."对话"杨振宁、姚期智：我为什么放弃外国国籍？. http://www.xinhuanet.com/tech/2017-02/21/c_1120506236.htm

[2] 姚期智. 至纯无畏 .https://baijiahao.baidu.com/s?id=1644824153499423630&wfr=spider&for=pc

第五章 互联网在中国

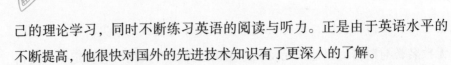

己的理论学习，同时不断练习英语的阅读与听力。正是由于英语水平的不断提高，他很快对国外的先进技术知识有了更深入的了解。

1964年，王选承担了DJS21机的ALGOL60编译系统的研发工作，后来与陈堃銶、许卓群等同事一起合作研讨，终于在1967年将其研制成功。该编译系统是国内最早得到真正推广的高级语言编译系统之一，被载入中国计算机工业发展史之中。

即使旧病复发，王选院士也未放下手头的工作。1975年，他又积极地投入到"748工程"——汉字信息处理系统工程的研究工作中。若将汉字通过计算机技术进行处理与印刷，这将彻底改变中国沿用上百年的铅字印刷技术。于是，王选院士几乎放弃了所有的休息时间，废寝忘食地投身于研发之中。

1979年，研究团队成功地从激光照排机上输出一张八开大的报纸底片，1980年，研究组成功地用激光照排系统排出了一本《伍豪之剑》的样书，后该系统逐步商业化，使得中国彻底告别了古老的铅字印刷术。

2002年，北京大学重奖荣获"国家最高科学技术奖"的王选院士500万元。要知道，那时的大学的经费并不充裕，获得如此高的奖励资金属于史无前例。可见，王选院士对国家与社会的贡献非常巨大。

2006年1月3日，王选院士为《科技日报》成立二十周年题词，"科教兴国，人才强国"。同年2月13日，王选院士在北京逝世，享年70岁。

2019年9月25日，王选院士被评为"最美奋斗者"。10月，北京大学将"北京大学计算机科学技术研究所"更名为"北京大学王选计算机研究所"。

知史 明智

为何如今我们仍要提王选院士？因为他身上有很多我们值得学习的优良品质。

1. 热爱科研

其实在科研项目完成后本不会耗费大量的精力去开展商业应用推广。或许正是对科研的热爱与钻研精神，王选院士大力推动汉字激光照排系统的商业运用，勇于将新技术带入市场，希望在实践中得以检验。后来，该技术被广泛应用，彻底改变了以往铅字印刷的传统运作模式。

王选曾说道："10多年我只要有3天的休息就已经十分满足了，但从未得到这种机会，特别是前10年，根本看不见名和利，是项目的难度和价值强烈吸引了我。"[1]

2. 敢于创新

王选院士生前赞赏过索尼公司创始人井深大的一句名言："独创，绝不模仿他人，是我的人生哲学。"而科研工作正是走前人未走过的路。

那时国内照排机技术很不成熟，当其他学者还在研究国外照排机之际，王选已经开始走向适用于我国的技术研发，这需要极大的勇气与胆量。没有人知道最终能否研发成功，没有人敢相信一个北大助教能够完成这样一个项目，但事实证明了王选的成功。科研创新就是这样，要敢于下决心，敢于做前人未做过的事情。

王选表示："只有与世界一流的技术竞争才能真正提高自己的创新能力，进军国际市场要有不畏强敌的勇气，要有超过外国人的决心和信心。"

3. 不畏艰难与持之以恒

研发是艰难的，过程是枯燥的，成功是无数个日日夜夜坚守的结果。在十多年的研发中，王选院士不仅带领团队克服了研究上的重重困难，也不断克服身体疾病对自己的折磨。在自己的爱人陈堃銶罹患癌症，随后自己也患上肺癌之际，王选

[1] 新华每日电讯.今天，为什么重提王选.https://baijiahao.baidu.com/s?id=1648961936291123926&wfr=spider&for=pc

院士选择继续征战于科研前线，持之以恒地继续工作，断然没有放弃。

陈堃銶教授将王选团队的成功总结为："选准方向、狂热探索、依靠团队、锲而不舍。"

4. 质朴无华的奉献精神

中国第一台计算机激光汉字照排系统原理性样机意义重大，这不仅是王选团队的巨大成就，更是划时代的伟大标记，即中国成功地从铅字印刷走向激光印刷。

在这些荣誉的背后，更彰显出王选院士无私奉献、不求名利的奉献精神。"一心想得诺贝尔奖的，得不到诺贝尔。"他很认同这句话。

王选表示："把获奖作为目标，为考核而写 SCI 论文等，都是缺乏科研真正动力的表现。因为追求名利要拉各种关系，很花时间和精力，而有急功近利的思想就不可能专心致志、如痴如醉、锲而不舍地攻克科学技术上的难关。"

虽然王选院士永远地离开了我们，但他的故事仍在流传，他的精神仍激励着我们后代在未来不断努力地探索。

吴建平，中国工程院院士、计算机网络专家、中国互联网工程科技领域的主要开拓者和学术带头人之一。

吴建平于 1953 年 10 月 4 日出生于山西省太原市，本科就读于清华大学电子工程系计算机专业，后担任清华大学计算机科学与技术系讲师，并先后攻读硕士与博士学位。1994 年，吴建平任清华大学信息网络工程研究中心主任、中国教育和科研计算机网专家委员会主任。

在从事计算机网络技术研究的多年里，吴建平院士先后主持、完成了 20 多个国家大型科研项目和工程，其中包括"中国教育和科研计算机网 CERNET 示范工程"重大项目。同时，他带领团队成功研发出了真实 IPv6（IP 协议第六版）源地址验证技术，实现了 IPv4（IP 协议第四版）

向 IPv6 过渡，解决了 IP 地址耗尽的问题。

国际互联网界最高荣誉奖项是"乔纳森·波斯塔尔奖"（Jonathan B. Postel Service Award），该奖项于 1998 年以互联网先驱和技术大师乔纳森·波斯塔尔的名字命名，为奖励对世界互联网发展做出杰出贡献的个人与组织。而我们的吴建平院士则于 2010 年获得"乔纳森·波斯塔尔奖"，是至今唯一荣获该奖的中国人。获奖后吴建平表示："获奖不仅是我个人的荣誉，更是国际互联网界对中国互联网快速发展和技术进步的肯定和表彰。中国已成一个互联网大国，我更期待中国能够早日成为互联网强国。"

2012 年，国际互联网协会发起"互联网名人堂"的评选，入选者均为互联网的创始人、先驱、创新者或改革者，都是为推动全球互联网做出巨大贡献的人物。我国入选"互联网名人堂"的有两位工程院院士，其中之一就是吴建平。

历史回声

我于 2004 年辞去美国普林斯顿大学的教学职务，回归祖国后，在清华大学投入中国建设科技强国的划时代壮举。多年来，得以培养我们的青年才俊，促进高端科研的开展，是我一生中感到最有意义的工作。

——中国科学院院士、2000 年图灵奖获得者　姚期智

振兴中华首先就得振兴科技，振兴科技关键还得靠自己，发达国家不可能把核心技术转让给你，只能自己解放自己。

——计算机汉字激光照排技术创始人　王选

同一个世界，同一个互联网，中国不仅从互联网中获益，也将与国际互联网组织加强合作，为互联网发展做出越来越多的贡献。

——中国工程院院士　吴建平

第五章　互联网在中国

▶ 第三节　新四大发明

史海钩沉

　　"新四大发明"一词源于 2017 年的网络用语，并非指中国发明了什么东西，而是指当下中国几个较为领先的行业领域。在这四大发明之中，与互联网相关的便有三个，即移动支付、共享单车和电子商务。

　　想必同学们对支付宝并不陌生，在日常生活中我们几乎随时都会用到。例如书店买书、超市购物、玩游乐园项目或者坐高铁买盒饭的时候，支付宝其特有的"扫一扫"功能能够直接用手机进行支付，从而代替现金。

　　支付宝创建时的用意并非"扫码支付"，而是解决淘宝网络交易的安全问题。淘宝网是一个买家与卖家在网上进行商品交易的平台，从其创始之初，平台上的互动便十分活跃，询问商品、价格的人很多。但让人感到奇怪的是，并没有人进行商品交易。这个时期的淘宝网主要是采用同城见面或者远程汇款的交易模式，网络交易并没有先例，淘宝网的发展一下子陷入困境。

　　碰巧的是，淘宝的创始人们在逛淘宝论坛时找到了问题关键——支付信任，也就是说淘宝网需要一种基于担保交易的支付工具，让买卖双方信任的交易软件。

　　于是，2003 年 10 月 18 日淘宝网首次推出支付宝服务。在此后的逐步发展中，团队遇到了很多困难，例如电子支付牌照没有开放，法律方面面临风险，技术未能开放等。并且，当时国内大多数银行觉得淘宝网每笔交易的金额太小，利润低，不太愿意参与其中。

2008年支付宝发布移动电子商务战略，推出了手机支付业务。2010年支付宝与中国银行合作，首次推出信用卡快捷支付。2011年支付宝获得央行颁发的国内第一张《支付业务许可证》（业内又称"支付牌照"）。2013年支付宝手机支付用户超1亿，"支付宝钱包"用户达1亿，支付宝钱包正式宣布成为独立品牌。

"扫一扫"立马支付的转账模式既方便又快捷，当下也有许多平台开通了手机支付的权限，例如微信支付、银行APP支付等。可见，基于网络传播的移动支付已完全深入我们的日常生活，彻底转变了人们以往现金支付的交易方式。这就是互联网的力量。

溯源揽胜

电子商务即网络购物平台，网络是目前非常时尚、流行的购物方式，我们可以通过PC端和移动终端在网上选购衣服、商品、书籍或者日用品等。那么，接下来我们将介绍目前使用最为频繁的两个网购平台——淘宝网与京东的光辉历史。

网上什么都能买到

1. 淘宝网

前面我们提到了淘宝网与支付宝之间的关系，现在我们将进一步探究淘宝网的发展历程。

早期的商品交易多为面对面的实物交易，很难有人想到通过互联网来进行买卖。2003年5月10日，阿里巴巴集团投资创办了淘宝网，10月推出第三方支付工具"支付宝"。2003年，淘宝网全年成交总额3400

万元。2005 年，淘宝网交易量相继超越易趣网、日本雅虎、沃尔玛等，成为亚洲最大的网络购物平台。随着对互联网技术更加熟练的运用，淘宝网新增"天猫"商城、闲鱼等新型交易模式。

在 2012 年"双十一"活动中，天猫商城借助 11 月 1 日的时间节点优惠大量销售，成交额达 132 亿元，创下世界纪录。2018 年"双十一购物狂欢节"，根据现场实时数据显示，天猫商城在开场 2 分 5 秒成交额破百亿，26 分 3 秒破 500 亿，1 小时 47 分 26 秒破千亿。2019 年"双十一购物狂欢节"，天猫商城在 1 分 36 秒成交额破百亿，其他各项峰值数据也再次打破全球纪录。

当然，现在我们也能发现街上逐渐开始有天猫商店的实体店，人们可以在网上购买下单，随后在附近的实体店取货。

2. 京东

1998 年 6 月 18 日，刘强东在中关村创业，成立京东公司。

2001 年 6 月，京东成为光磁产品领域最具影响力的代理商。

2006 年 1 月，京东宣布进军上海，成立上海子公司。2007 年 6 月，京东多媒体网正式更名为"京东商城"。历经多年的创新与发展，京东商城于 2016 年挺进"2016 年 Brand Z 全球最具价值品牌百强榜"，排名第 99。

互联网的发展极大地带动了网商企业的崛起，推动国家经济的蓬勃发展，也改变了我们的生活环境和生活方式。现在我们支付时可用手机扫一下二维码，购物时可在京东等网购平台逛逛，去某个地方时可打开手机地图导航，等等。可见，互联网科技在我们生活中无处不在。

知史明智

当然，网上购物既有优点，也存在部分局限性。

网上购物的优点：

第一，方便与快捷。网购可以节约我们上街逛商店的时间，可以不用出门，打开手机，动动手指就能下单。邮递员能将快递放至小区的菜鸟驿站，我们可以根据自身的作息时间，抽空去取快递即可。

第二，网络平台上的商品更为丰富多样，价格更为实惠。在电子商务出现之前，我们往往只能在居住地区域买商品，而在网上不仅能购买全中国范围内的产品，还能买到国外的商品。同时，由于商家没有缴纳实体店的租金或者工厂采用网络直销的方式，网络平台的商品价格普遍比实体店低，若遇上节假日的活动，将会有更多福利回馈给我们。

第三，网上购物仍然有较好的商品质量与服务保障。2014 年中华人民共和国工商行政管理总局公布了《网络交易管理办法》；同时《中华人民共和国消费者权益保护法》新增规定，除特殊商品外，网购商品在到货之日起 7 日内可以无理由退货。若购买商品出现质量、服务等问题，我们不仅可以找卖家退、换货，还可以申请客服进行三方仲裁。

网上购物的缺点：

第一，网络商品图片有时会呈现色差、尺寸大小不准确等现象。网络购物与实体店购物的最大区别在于我们能否真实地触碰、观察以辨别物品的真实情况。例如小明妈妈在网购平台搜索到一条蓝色的裙子，很喜欢，于是便购买了。几天后，小明妈妈开心地领回快递，但拆开后很失落。首先，网上的裙子展示图的颜色是蓝色，但实物是蓝中偏绿，并不是她喜欢的颜色。其次，小明妈妈偏胖，而裙子十分修长，上身后并不合适，存在穿着尺寸的偏差。于是小明妈妈很是失望，最终选择了退货。

第二，由于快递时间一般需要 3 至 5 天，网购急需的物品存在一定的局限性。网络平台上的产品来自各个地方，邮寄可能需要多次周转，若遇上"双十一"这种大型购买活动，快递企业显然力不从心。甚至有些时候，我们等邮递会超过一个礼拜，所以对于急用的日用品、食品等，网购存在局限性。

网事拾遗

共享单车是我们经常在街边看到的多种颜色的，扫码之后就能够使

用的自行车。为了响应低碳生活的号召，进一步扩大公共资源的利用范围，共享单车的出现是时代的发展趋势。

2007 年，我国开始引进国外兴起的公共单车模式，并逐步摸索与尝试。这个时候的单车多为有桩、有线锁住的自行车或电瓶车，采取由政府主导、各个城市分布管理的模式。

2014 年，伴随着移动互联网的加速发展，人们开始使用支付宝、微信等软件进行扫码支付。以摩拜为首的网络共享单车开始逐步进入人们视野之中，并取代有线、有桩的单车。

若想要租赁单车，需先缴纳押金 20 元至 100 元不等，如果蚂蚁信用或者微信信用良好且评分较高的话，可申请免押金使用。《2016 中国共享单车市场研究报告》显示，中国共享单车市场整体用户数量已达到 1886 万。

让数字科技成为连接金融和实体产业的桥梁，一手去助力金融数字化，一手助力产业数字化。

——京东金融集团首席执行官　陈生强

过去大多数人都是在享受数字世界提供的便利，而未来每个人都可以利用科技，成为数字世界的建设者与参与者。

——快手公司创始人兼首席执行官　宿华

第四节　乌镇时间

史海
钩沉

　　有这样一个人，他出生于一个贫困山区的小村庄，家中有兄妹6人。正是由于他父亲是乡村教师，对于学习知识十分重视，即使家中条件十分艰苦，也让他坚持读书。后来，他考上重庆建筑工程学院（已并入重庆大学）。

　　1974年，他进入军队，成为一名基建工程兵，参与辽阳化纤总厂工程的建设项目。项目结束后，由于工作不顺利，他转而投身于创业，成立了属于自己的公司。

　　其创业经历并非一帆风顺。1991年，他带领50多名年轻员工来到一栋破旧的厂房中，孤注一掷地开展C&C08交换机的研发。他们夜以继日地辛苦工作，不断地进行编程、调试、修改，终于熬过了艰难的初期岁月。1993年年末，C&C08交换机终于研发成功，他成功地赚取了创业中的第一桶金。

　　他是一个平易近人的老板，在1996年带领团队与南斯拉夫洽谈合资项目时，和10多个员工共挤在一间套房，大家一起打地铺睡觉。

　　他是一个善于解决问题的领导者，2003年公司遇上侵权官司，他一方面沉稳地面对思科公司的打压，一方面又在积极地聘请律师，并联盟思科公司在美国的死对头3COM公司。最终，3COM公司的CEO专程为

其作证，证明他的公司并未产生侵犯知识产权的问题。

他是一个为员工着想的董事长，2011年他曾在公司内部发布《一江春水向东流》这篇文章，表示了公司人人股份制的决心。同时，他还创立了 CEO 轮值制度，每半年换一次，以促进公司干部不断地进取与创新。

2018年10月24日，他入选"改革开放40年百名杰出民营企业家名单"。2019年10月19日，他入选"2019福布斯年度商业人物之跨国经营商业领袖榜单"，且成为"2019年度中国经济新闻人物"之一。

那么，这位企业家是谁呢？

他就是华为公司的创始人，任正非。

新华网评论：30余年来，华为生于忧患。从一家一穷二白的初创企业，扩张、成长为全球行业领导者之一，背后凝聚着强大的意志与定力。这恰恰是中国经济韧性强劲的缩影。无论外部风云如何变幻，最重要的就是上下同欲做好自己的事情，坚持自主创新，坚持艰苦奋斗。奋斗的民族才有前途，奋斗的个人才有前途，同样，奋斗的企业才有未来。[1]

溯源
揽胜

世界互联网大会（World Internet Conference，简称：WIC）是由我国主导的，邀请世界范围内的互联网企业领军人物、专家学者等参加的互联网盛世。其目的在于搭建中国与世界互通、互建、共赢的互联网国际平台，聚集世界上的顶尖精英，共谈未来发展问题。每年，世界互联网

---

[1] 科技舆情观察：任正非"圈粉"背后，是中国底气的凝聚 .http://yuqing.people.cn/n1/2019/0527/c209043-31105426.html

大会都在浙江省嘉兴市桐乡乌镇举办，所以我们亲切地将其称为"乌镇时间"。

为何选址浙江乌镇？

当专家组在全国范围内寻找会址时，曾提出过三个条件：一是互联网经济比较发达；二是最好能找一个小镇，像达沃斯那样的小镇，然后赋予它互联网的魅力；三是它能代表中国几千年的传统文化。[1]

乌镇位于浙江省，属于沿海城市，互联网经济自然比较发达。同时，乌镇恰好是江南六大古镇之一，有"鱼米之乡，丝绸之府"之称。

可见，乌镇的自身特点十分切合专家组的预想，于是成为世界互联网大会的永久地址，同时人们将世界互联网大会称为"乌镇峰会"。

首届世界互联网大会以"互联互通、共享共治"为主题，于 2014 年 11 月 19 日至 21 日举办。此次大会由国家互联网信息办公室和浙江省人民政府共同主办，共邀请来自近 100 个国家和地区的政要、国际组织代表、网络精英等 1000 多人参会。

2015 年 12 月 16 日至 18 日，第二届世界互联网大会的主题为"互联互通·共享共治——共建网络空间命运共同体"，主要围绕全球互联网治理、网络安全、可持续发展等诸多方面进行讨论。

2016 年 11 月 16 日至 18 日，第三届世界互联网大会在浙江乌镇举办，本届大会的主题是"创新驱动·造福人类——携手共建网络空间命运共同体"。

2017 年第四届世界互联网大会主题为"发展数字经济·促进开放共享——携手共建网络空间命运共同体"。

2018 年第五届世界互联网大会的主题为"创造互信共治的数字世界——携手共建网络空间命运共同体"。2018 年 11 月 8 日，大会发布《世界互联网发展报告 2018》和《中国互联网发展报告 2018》蓝皮书。

2019 年第六届世界互联网大会的主题为"智能互联·开放合作——

---

[1] 世界互联网大会为什么选在乌镇？. http://toutiao.chinaso.com/wd/detail/20171117/ 1000200033 100601510889127968968714_1.html

第五章　互联网在中国

携手共建网络空间命运共同体"，主要针对当前的国际新形势进行讨论，其中包括人工智能、5G、物联网、车联网等方面。同时，会上展示了 15 项具有代表性的领先科技成果，例如华为技术有限公司的"鲲鹏 920"、三六零安全科技股份有限公司的"360 全视之眼——0day 漏洞雷达系统"、清华大学的"面向通用人工智能的异构融合天机芯片"等。

2020 年，第七届世界互联网大会被取消，改为以世界互联网大会组委会名义举办的"世界互联网大会·互联网发展论坛"，以"数字赋能·共创未来——携手构建网络空间共同体"为主题，聚集互联网最新发展趋势与前沿技术动态。

 知史明智

我国为何每年要召开世界互联网大会？

第一，互联网切实地影响着人类社会的未来与发展。当下互联网已经对人们的沟通、消费、娱乐、科研等多方面产生较大影响，例如微信打电话、扫码支付等。同时，在医疗、科技、农业等行业领域，互联网技术的运用改变了商品生产的模式，例如物流分拣运作由网络指令下达，"互联网 + 机械化"的概念深刻影响着着一代企业家们的创业思想。

第二，继续坚持"互联网 + 实体经济"的运作模式，造就最高的经济效益。相较于传统实体经济，"互联网 +"的本质是不断优化我们的资源配置，对信息、流通、供应链进一步重新组合。我们可以充分运用互联网来搜集数据、分析数据与处理数据，从而对企业的未来规划、行业领域进行数据化与理论化的指导。

通过互联网，实体业也增加了销售途径，例如我们可以从网上购买水果、蔬菜、手机、电脑等。有了互联网以后，我们只需将自己产品的图片上传至网购平台，就能接收到来自全国各地甚至国外的订单。正是由于电子商务的产生，"互联网 + 实体经济"的商品运作模式极大地促进了消费。

第三，中国作为世界互联网大国，更应起到引领作用，为互联网发展把好舵，体现大国责任与担当，联合其他国家积极合作与共赢，共同维护网络环境与技术发展伦理，携手共建美好未来。

谈到 5G 网络，我们不会感到陌生，因为手机商店里已经开始售卖 5G 手机。当然，使用 5G 手机的前提是先有 5G 网络。目前中国移动、中国电信与中国联通三大运营商已开通 5G 网络。

其实 5G 并不是什么陌生的产物，它与我们早期使用的 2G、3G 和现在仍在使用的 4G 一样都是移动通讯技术，但 5G 的传输速度更快，速度是 4G 的上百倍。

我们可以试想一下，当我们在手机上下载一个应用软件，用 4G 网络我们需要一分多钟的下载时间，而 5G 只需 1 秒。当在抖音 APP 上瞬间、极速地上传视频时，或许我们就能够真正感受到 5G 网络的强大与魅力。

5G 的发展基于人们对网络与数据传播日益增长的需求，而我国的研发实验主要是在 2016 年到 2018 年之间进行的，原计划预期在 2020 年正式将 5G 技术投入商用。

2018 年，华为在西班牙巴塞罗那的世界移动通信大会上发布了首个 5G 商用芯片巴龙 5G01 和 5G 商用终端，支持全球主流 5G 频段，理论上最高可达到 2.3Gbps 的数据下载速率。12 月，中华人民共和国工业和信

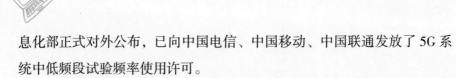

息化部正式对外公布，已向中国电信、中国移动、中国联通发放了 5G 系统中低频段试验频率使用许可。

2019 年 6 月 6 日，中华人民共和国工业和信息化部正式向中国电信、中国移动、中国联通、中国广电发放 5G 商用牌照，中国正式进入 5G 商用元年。2019 年 10 月 31 日，三大运营商公布 5G 商用套餐，并于 11 月 1 日正式上线 5G 商用套餐。时下，越来越多的企业、公司及个人开始使用 5G 移动网络传播技术。

当然，5G 技术并不是只用于手机终端。在世界顶尖的科研领域，研究人员纷纷将 5G 与大数据、人工智能等相结合，例如 5G 无人机、5G 人工智能、5G 远程驾驶等技术。可见，未来，5G 将会给世界带来更多的惊喜。

上半场"互联网 +"已经在往"+ 互联网"发展，产业互联网在未来会有非常高速的发展，尤其是在大数据、人工智能的支持下。

——红衫资本中国基金创始人与执行合伙人　沈南鹏

传统行业与数字经济融合发展的关键是创新。数字经济超过一半的比重在生活服务领域，生活服务业在今天这个时代应该更多地借助科技力量来实现跨越式发展。

——58 同城创始人　姚劲波

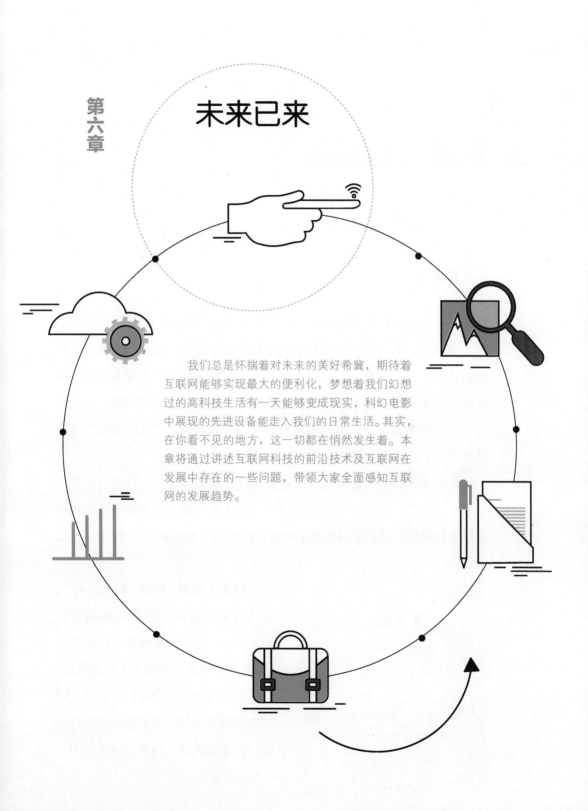

第六章

未来已来

我们总是怀揣着对未来的美好希冀，期待着互联网能够实现最大的便利化，梦想着我们幻想过的高科技生活有一天能够变成现实，科幻电影中展现的先进设备能走入我们的日常生活。其实，在你看不见的地方，这一切都在悄然发生着。本章将通过讲述互联网科技的前沿技术及互联网在发展中存在的一些问题，带领大家全面感知互联网的发展趋势。

▶ 第一节　一条阿尔法狗

史海钩沉

人工智能是最近才有的吗？其实人工智能早就有了。

1956 年，在美国新罕布什州的达特茅斯学院的一次小型会议上，以赫伯特·西蒙、约翰·麦卡锡、克劳德·艾尔伍德·香农等为首的一批年轻科学家聚在一起，共同探讨了机器模拟智能的一系列问题，这是知识与创新的碰撞，是人类与机器智慧的交织。后来，"人工智能"这个概念登上了人类历史的舞台。

总的来说，人工智能的目的就是让计算机能够像人一样进行思考。这并不是假想，而是正在发展的现实。近年来，在人工智能事件中吸引人眼球的便是人类职业围棋选手与阿尔法围棋（AlphaGo）之间的人机大战了！

阿尔法围棋，俗称"阿尔法狗"，是由谷歌公司旗下的 DeepMind 公司的戴密斯·哈萨比斯领衔的团队开发的，是一个专攻围棋的人工智能机器。在研究期间，专家们曾尝试让阿尔法狗与其他的人工智能围棋进行试验。据数据统计，在总计 495 局中，阿尔法狗只输了一局，胜率为 99.8%。后来，阿尔法狗正式开始向人类选手宣战。

2016 年 1 月 27 日，在没有任何让子的情况下，阿尔法狗对战欧洲围棋冠军、职业二段选手樊麾。万万没有想到的是，阿尔法狗以 5：0 的成绩完胜樊麾，实现了史无前例的突破。

2016 年 3 月 9 日到 15 日，韩国首尔举行了世界围棋冠军李世石与阿尔法狗的比赛，赛制为中国围棋的规则。最终比赛结果为 1：4，阿尔法狗胜利。

机器人能够打败人类？围棋的职业选手们很不服气。

同年 12 月 29 日到 2017 年 1 月 4 日，阿尔法狗在弈城围棋网和野狐围棋网注册，取名为"Master"。阿尔法狗在对战了很多世界顶尖的围棋高手之后，取得 60 胜 0 负的傲人成绩。

在 2017 年世界互联网大会上，阿尔法狗还曾战胜排名世界第一的围棋选手柯洁，比分为 3：0。在此之后，阿尔法狗的团队宣布退出围棋赛事，不再参与任何比赛。

溯源
揽胜

为何阿尔法狗如此厉害？

阿尔法狗运用了新兴技术，例如深度学习、神经网络等。其主要工作原理为"深度学习"，就是多层的人工神经网络和训练它的方法。简单来讲，每一层神经网络会将大量的数字、数据进行输入，经过处理后输出。而当多层神经网络链接在一起的时候，就能够模拟"大脑"的处理模式，像我们人类一样进行"思考"。

阿尔法狗不仅具有类似于"大脑"的处理能力，而且有两个"大脑"。

第一个"大脑"是"监督学习的策略网络（Policy Network）"，通俗意义上就是落子选择器（Move Picker）。其主要目的在于观察棋盘上有哪些可以落子的地方，并预测下一步可走棋的地方的最佳概率。

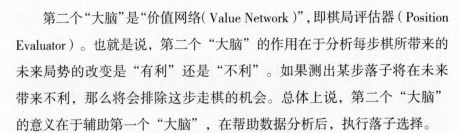

互联网简史：网络的前世今生

第二个"大脑"是"价值网络（Value Network）"，即棋局评估器（Position Evaluator）。也就是说，第二个"大脑"的作用在于分析每步棋所带来的未来局势的改变是"有利"还是"不利"。如果测出某步落子将在未来带来不利，那么将会排除这步走棋的机会。总体上说，第二个"大脑"的意义在于辅助第一个"大脑"，在帮助数据分析后，执行落子选择。

阿尔法狗是研究人员不断地调试参数、信息数据后，针对运算结果进行分析，再反复进行修改的结果。在多次的测试与修正后，阿尔法狗分别进行了四次版本的革新。

结合人机大战的故事，我们可知2016年战胜围棋大师樊麾的是阿尔法围棋1.0版，一个多月后战胜李世石的是阿尔法围棋2.0版。这时，2.0版已经真正做到放弃人类总结的棋谱规律，只通过"深度学习"的方式来运作。3.0版是阿尔法狗以注册名"Master"在弈城围棋网和野狐围棋网上大战众多围棋高手的版本。更厉害的是，在它继续"深度学习"40天后，其4.0版战胜了3.0版。后来，在进行自我对弈之际，研究团队惊奇地发现阿尔法狗能独立地做出新策略，并带来全新的围棋玩法。

阿尔法围棋战胜多个世界围棋大师的意义不仅仅是国际围棋界的一件大事，更是人工智能与人类智慧之间的较量。一时间，该事件在社会中引起强烈反响，人们纷纷表达自己对计算机能力的态度，有人乐观，有人恐慌。

人工智能会超越人类？

知史 明智

随着科学技术不断发展，5G的起步为人工智能领域提供了无限的可能性。当然，2017年12月，第四届世界互联网大会在以"人工智能是否超越人类"为题时，互联网大咖齐发声：不可能！

苹果公司首席执行官蒂姆·库克指出，科技是为人所用，而不是让人变得固化或退步，当很多人都在谈论人工智能，我并不担心机器人会像人一样思考,我担心人像机器一样思考![1]

既然不能超越人类,那么人工智能有何劣势?

首先,若录入的数据存在问题,人工智能的结果便缺乏客观性。目前,人工智能系统的技能取决于研究人员所提供的运算技能,这就存在一个问题,不完整或错误、有问题的数据便会直接影响人工智能的实际计算结果,进而产生错误结果。例如,让人工智能分析小明和小强在明天的短跑比赛中谁跑得快,录入的数据为小明的体能值为95分(100分的满分),小强的为90分,那么结果便是小明跑得快。但录入的这项数据并不完整,忽略了小明曾摔伤过,腿脚不便,那么真正的比赛结果就极有可能为小强胜利。

其次,人工智能能否识别数据、运算结果与其内部算法有关。如果人工智能无法识别,或者内部算法产生错误,那么也将直接影响结果。举个例子,我们手机上都有语音智能助手,它的系统录入的语言为标准普通话,但并不是每个人的普通话都标准。当一个带有江西口音的老人启动语音助手,口述"请给女儿打电话",智能助手很有可能无法识别。

再次,人工智能缺乏创新和想象力,这是它无法超越人类的根本原因。虽然人工智能的系统十分强大,就如阿尔法狗战胜众多国际围棋大师一样,它们能够完成一定的工作任务。但就目前来看,人工智能的本质还只是一种非常先进的计算数学,其能力与行为都是人类通过算法所赋予的,自身并无人类的思考力、创新力与想象力。虽然机器人写新闻稿的研究早已出现,但机器人只能完成简单的数据拼凑与描述,文章内容缺乏深度与温度。可见,人工智能在某些领域依旧无法代替人

[1]人工智能会超越人类? 互联网大咖齐发声: 不可能! [J].中国西部, 2017, (12).

类作业。

复旦大学计算机科学技术学院教授危辉曾表示，人机大战对于人工智能的发展意义很有限。解决了围棋问题，并不代表类似技术可以解决其他问题，自然语言理解、图像理解、推理、决策等问题依然存在，人工智能的进步被夸大了。

你相信吗？人工智能不仅会下棋，而且还会创作中国人挚爱的诗词歌赋。

在 2017 年 12 月 15 期的《机智过人》节目中，矣晓沅作为清华九歌作诗机器人团队代表，带着人工智能九歌登上了舞台。矣晓沅介绍，九歌是他们团队研发的一款自动作诗产品，是基于最新的大数据与深度学习技术，以从唐朝到清朝数千位诗人的 30 万首诗为基础而诞生的一个作诗机器人。

嘉宾撒贝宁质疑："古诗是要合辙押韵的，所以你们是如何让人工智能学习到这个规则的呢？"矣晓沅解释道："因为是运用的最新的深度学习技术，它在把 30 万首诗读了一遍又一遍之后，就自己学到了什么是押韵。"

撒贝宁继续问道："那它会把古诗中非常经典的句子打散了之后，自己进行剪裁和编排后拼凑在不同的诗句里吗？"矣晓沅回答道，"我们的九歌是基于自学学习的，也就是它不知道一个词是词，但它知道这两个词拼起来是一个词。这所有的搭配，他都能自己学习到，是完全随机的（完全是它自己创作的）。"

按照规定，主持人请出了本场的三位超级检验员——武汉大学国学专业、《中国诗词大会》多期擂主李四维、清华大学核科学与技术博士齐妙和北京大学理科博士陈更，并按照图灵测试的方式，进行检验。三位检验员与九歌按照节目规则和中国传统诗歌的风格和要求一起作诗，然后由 48 位投票团成员来辨别哪一首由机器人九歌所创，对其投票，若票数最高的是九歌，则九歌不能通过测试；若票数最高的是超级检验员成员，则该检验员不能通过测试。

第一题：作集句诗（即从前人不同的作品中各选出一句，集成四句诗）

选手们所作诗如下（节目要求以"心有灵犀一点通"作为诗的第一句）：

第一首：心有灵犀一点通，海山无事化琴工。朱弦虽在知音绝，更在江清月冷中。

第二首：心有灵犀一点通，自今歧路各西东。平生风义兼师友，万里高飞雁与鸿。

第三首：心有灵犀一点通，小楼昨夜又东风。无情不似多情苦，镜里空嗟两鬓蓬。

第四首：心有灵犀一点通，乞脑剜身结愿重。离魂暗逐郎行远，满阶梧叶月明中。

最终，北京大学理科博士陈更所作诗——第四首诗得票为 15 票，被淘汰。

第二题：《静夜思》（中国人最为熟悉的一首思乡诗）

《中国诗词大会》多期擂主李四维所作诗，"不眠车马静，相思灯火阑。更深才见月，比向掌中看"票数最多——18 票，被淘汰。

同时，九歌所作"月明清影里，露冷绿樽前。赖有佳人意，依然似故年"得票 16 票，险胜。

历经两轮的作诗考验，最终九歌机器人挑战成功。

那么，聪明的朋友们快猜猜吧，第一题中究竟哪首诗是人工智能九歌写的呢？

历史回声

在能定义出来的领域，人类或终将被人工智能取代。但有些开放式的问题就不太好定义，比如画一幅优美的画卷，或者找到宇宙运行更深刻的规律，这些方面人工智能恐怕还难以胜任。

——彩云天气创始人　袁行远

当初，汽车代替马车，马夫、修马车的人是不适应的，认为自己的饭碗被抢了，但历史证明，这种替代提高了效率。未来人工智能如果取代了所谓的白领，或许意味着我们的社会需要发生一个结构性变化。人工智能一定会有它不擅长的，比如创造性思维，甚至休闲娱乐，人工智能总没法替代人类去休闲。

——北京师范大学系统科学学院副教授、集智俱乐部创始人　张江

▶ 第二节　我的机器人女友

史海钩沉

　　"安安警官"正在待命！

　　2019 年 4 月，福州首台警用机器人"安安警官"在三坊七巷景区正式上岗。它身高一米六，体重 80 千克，全身白色，两个耳朵是两个音响，肚子上贴着"POLICE"标识，人们都喊他"小安"。

　　小安是一台集遥控辅助巡逻、视频治安防控、高清语音播报等功能于一身的高科技警用机器人。平时，它就巡逻于福州三坊七巷景区，主要协助福州警方进行防控与宣传等工作。别看"安安警官"只是个机器人，它的功能可强大了。

　　安安警官能够自己进行障碍识别，主动避开障碍物，识别人群。在它的身上，配备着红外阵列、超声波阵列、激光雷达等先进感知设备，在民警通过后台设定行走路线后，安安警官就能自己开始巡逻了。

　　安安警官有一双"慧眼"——基于高清监控技术的高清监控器。它的身上安装了前后左右四个高清的摄像头，能够对周围环境进行 360° 无死角拍摄，并实时传回给后台民警，进行治安与防治工作。

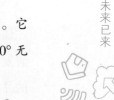

安安警官还能提供关于交通、天气、防盗防骗的提示信息，与游人们进行愉快的交谈，为游客们提供切实的生活服务。

安安警官只是众多机器人中的一个，今后警用机器人还将推广运用，出现在地铁、商场、学校周边等公共场所。随着人工智能发展得越来越成熟，科技更加进步，在日常生活中，我们能够见到更多智能、可爱的机器人的身影。

 溯源 揽胜

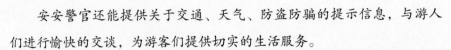

平时我们见到的机器人都是富有金属感、呆头呆脑的小个子，而"佳佳"却拥有着精致的五官与绝佳的身材。

早在 1998 年，中国科学技术大学便开始了对智能机器人的探索，2008 年正式启动了"可佳工程"，也就是俗称的"佳佳"机器人的研发。2010 年，在深圳举行的中国国际高新技术成果交易会上，佳佳演示了从网上下载微波炉的使用说明，自主通过语言理解与转换，顺利地打开微波炉加热食物，结束后将食物送给观众的流程。

自 2012 年开始，可佳机器人便连续获奖，并且在 2013 年至 2015 年连续保持着国家服务机器人标准测试总分第一的好成绩。由于外国的机器人都有较好的外表形象，而我们的佳佳不能没有，所以研发团队开始对可佳机器人的外在形象进行设计。

2015 年，机器人团队在全校进行海选，最终中国科学技术大学 5 位漂亮的女生成为佳佳的面部设计参照模板，研究团队并在此基础上进行再次修改，最终确定了佳佳的整体形象。于是，可佳机器人摇身一变成为"她"，身高一米六，漂亮且逼真，同学们都亲切地称它为"校花"。

2016 年 4 月，中国科学技术大学发布了第三代特有体验交互机器人"佳佳"，佳佳也是中国首台交互机器人。佳佳在拥有传统性功能以外，研发团队首次提出了机器人的品格定义，并赋予佳佳善良、勤恳、智慧的品格。

在"2016天津夏季达沃斯论坛"上，嘉宾们能与佳佳畅聊，被逗得开怀大笑。2017年1月，佳佳一身汉服装扮，亮相上海瑞银大中华研讨会。此时，它已经可以通过追踪人的面部表情，感知我们的情绪。

研发员陈小平表示："佳佳是机器人，她有自己的一套逻辑，与人交流过程中，怎么表现，我们也难以掌控。"当记者问可佳机器人"多少岁"时，"她"答"我正值青春年少"；当记者又问它"有没有男朋友"时，"她"干脆回答"我要做单身贵族"。

当然，在全球范围内，有很多国家已经开始对伴侣机器人进行研发。目前美国、日本已经制造出拥有各种功能的人工智能机器人，它们能够为人们斟茶倒水，打开电视机点播节目，就如同"朋友"一样。随着人工智能技术的不断发展，在未来很有可能会出现人与机器人相伴一生的事情。有人表示，如果有佳佳这样一个智能化机器人当女朋友，或许是一种难得的体验。

知史明智

中国科学技术大学研发团队负责人表示，佳佳机器人目前还不能算是产品，机器人在未来将应用在三个方面，第一是在工业应用上，这也是现在比较常见的一种应用领域；第二是应用在公共服务领域，比如银行、商场等；最后应用在家庭中，以及医院、养老中心等场所。

那么人工智能有何优势能够在生活中帮助我们呢？

1. 提高生产力与效率

由于人工智能强大的信息收集与处理能力，若借用其在这方面的优势来替代部分人工劳动和机械劳动，能极大地提高我们的生产力与工作效率。例如，公司需要收集很多用户数据来更加了解自己的业务状况。若是派遣、组织团队去做这件事情，很容易花费大量的人力和物力。但将此任务交给人工智能，不仅能够节省大量时间，还能得到十分准确的数据分析报告，减少人为误差。

2. 降低某些领域的工作难度

工作中存在一些涉及大量的数据收集、整理、记录、分析等事务，若将这些繁重而有一定难度的事务交由人工智能来完成，将会给工作人员留出更多的时间和精力来处理工作中的其他事务，降低工作的难度，提高工作效率。比如需要利用指纹、掌纹来追踪逃犯，这就要求在大量的数据库中寻找某个特定的人，只要录入数据，人工智能就能在短时间内准确无误地完成。

3. 推动社会经济与公共服务的发展

人工智能运用于服务业的例子越来越多。例如在一些餐厅里，我们能够发现有人工智能机器人参与点菜、上菜等服务环节。在百货商店里，也能看到不少游走的、正在工作的机器人为人们提供信息咨询、导航或者收银等服务。可见，人工智能在促进社会资源的有效运用，推动经济与服务领域的发展起到了积极的作用。未来，在服务领域，人工智能将会越来越多地融入我们的生活。

人工智能技术的出现，会对某些领域中的工作人员带来一定的危机感，不少人担心人工智能会替代他们的职业，导致其失业。这促使不同领域中的人们不得不重新思考自己的工作内容和职业规划。从一方面来讲，人工智能需要更多的计算机方面的人才，市场将提供大量与此相关的就业岗位，促进与稳固人才就业与发展。

在我们生活中还有很多的人工智能机器人，下面我们一起来了解一下吧。

1. 大堂经理"储储"

2017 年，中国邮政集团公司驻马店市分公司新增智能化金融机——储储，并将其作为西平县邮政分公司龙泉大道营业所的智能机器人大堂经理。储储身高 1 米，体重 10 千克，穿白色的工作服，时常行走于营业所大厅，为人们提供邮政业务服务。当然，储储的特点在于自动感应能力，即能感应到客户需要帮助，通过与客户语音交流，真正提供接待、引导、介绍产品等服务。

2. 餐厅服务生

2016 年 4 月，在江苏宿迁市区的一家餐厅推出了机器人送餐服务。这个送餐机器人十分夺人眼球，它能双手托着菜盘面带微笑，还能够用语言与顾客交流。它的功能齐全，不仅可以自动送餐和空盘回收，还可以向顾客们介绍菜品及其特色，在一定程度上代替了餐厅服务员为

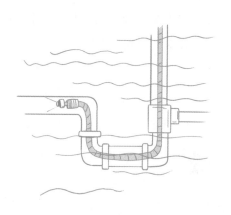

顾客服务。当然，有这样一个机器人服务生，自然也吸引了更多的顾客来到该餐厅参观和用餐，为就餐时间增添了不少的互动与趣味体验。

3. 蛇形机器检测员

2016 年，中国航天科工集团第三研究院三十五研究所研发出一款蛇形机器人——海底管道漏磁内检测器。蛇形机器人的主要工作是"下海"为海底油气管道做检测，通过高精度漏磁检测技术搜集到储存管内部存在的问题，并精准定位出现问题的所在之处。

此前国内并没有此类产品，中国海底油气管道检测服务被国外垄断。而该款应用于 8 英寸管道的蛇形机器人则打破了国外的垄断，从核心技术到产品实现，均为中国研发。

4. 银行服务员"安安"

2018 年 6 月 8 日，平安银行杭州西湖支行来了一名新员工，那就是机器人"安安"。安安有一个类似于电脑屏幕的"大脑袋"，全身白色，说话带童声。它不仅会解答客户咨询的问题、跟客户互动、带着顾客去找经理，还会唱歌、跳舞、说绕口令。一时间，它可爱、卖萌的身影火遍了抖音 APP，许多网民都纷纷赞叹它的智能与聪明。平安银行杭州分

行副行长钱平表示，安安这个小家伙给我们整个职场增添了很多乐趣。

历史回声 ··

人工智能技术对于提升人们的感知、降低能源的消耗和大幅度提升工作效率将起到巨大作用。

——百度创始人、董事长兼首席执行官　李彦宏

希望能够更多运用互联网和人工智能进行内容改造，让学生得到的内容能帮助其实现成长，进一步培养学生的独立精神和研究能力。

——新东方教育集团创始人　俞敏洪

希望机器像人一样能理解、会思考。这些技术对新媒体可能会有哪些帮助，期待大家思考人工智能广阔的空间。

——科大讯飞股份有限公司董事长　刘庆峰

第三节　人工智能时代

我们都知道《三体》是刘慈欣创作的系列长篇科幻小说，在国际上大受赞誉，这也让刘慈欣成为第一个获得"雨果奖"的亚洲人。这本书大致描绘了地球人类文明和三体文明的信息交流、生死搏杀及两个文明在宇宙中的兴衰历程。看到这里你也许会问，小说和互联网有什么关系呢？别着急，听我徐徐道来吧！

在《三体》的三部曲中，作者呈现了未来世界相较于我们现在更多、更高级的人工智能技术，甚至还有很多外星机器人。我们都知道人工智能是研究、开发以人类的方式进行思考和行动的智能机器技术，而这种看似无法想象的技术在《三体》中有细致的描绘，书中最有名的人工智能莫过于那个名叫"智子"的了，人工智能机器人是三体文明视为最伟大的科技，究其原理，智子其实只是一部通过微观质子蚀刻电路形成的超级电脑罢了。但是真正让智子与众不同的地方便在于它掌握了各种学科知识以及包括现今科学还没有接触过的领域，它还能文能武，永远存在于世间。同时智子在与地球文明的不断接触中，渐渐形成了自己独立的人格，有了自我意识。从某种意义上来说，智子成了一个"超级人类"。它不再是一台冰冷的机器，它有独立的思想、辨别能力。他与我们无异，但比我们反应更快，学习效率更高，身材体格更加健壮。当然，这种兼

容黑科技与美的人工智能自然也引起了科学家们的探索欲，如果一个人工智能发展到这个阶段，那么将不可避免地发生机器人与人的冲突。因为历史告诉我们，一个新文明的诞生必然伴随着旧文明的覆灭。但是，《三体》的作者刘慈欣却认为人类对人工智能过于担忧，因为要想创造出一个具有意识的人工智能首先需要人们对大脑的工作机理具有充分的认识，而显然现在我们对大脑的了解仍然处于原始状态。

反观科学界，主流的顶层科学权威都是反对让机器人拥有独立思维的。比如：物理学权威史蒂芬·霍金警告人类"不能研发智能机器人"。

看到这里，你也许会发问：对于人工智能的担忧是不是多虑呢？既然人类对人工智能有那么多担忧，我们为什么要继续发展它呢？下一节就告诉你答案！

溯源 揽胜

如同蒸汽时代的蒸汽机、电气时代的发电机、信息时代的计算机和互联网，人工智能正成为推动人类进入智能时代的决定性力量。全球产业界充分认识到人工智能技术引领新一轮产业变革的重大意义，纷纷转型发展，抢滩布局人工智能市场。世界主要发达国家均把发展人工智能作为提升国家竞争力、维护国家安全的重大战略，力图在国际科技竞争中掌握主导权。

而人工智能已有60余年的发展历程，可谓是探索道路曲折起伏。"人工智能"概念提出后，相继取得了研究成果，如机器定理证明、跳棋程序等，掀起人工智能发展的第一个高潮。而后又因为人们制订了一些不切实际的研发目标，导致人工智能的发展走入低谷。20世纪70年代，研发出的专家系统能模拟人类专家的知识和经验解决特定领域的问题，实现了人工智能从理论研究走向实际应用，从一般推理、策略、探讨转向运用专门知识的重大突破。专家系统在医疗、化学、地质等领域取得成功，推动人工智能走入应用发展的新高潮。可是好景不长，随着人工智能的应用规模不断扩大，专家系统存在的应用领域狭窄、缺乏常识性知识、知识获取困难、推理方法单一、缺乏分布式功能、难以与现有数据库兼容等问题逐渐暴露出来。20世纪90年代，网络技术和互联网技术的快速发展又为人工智能的创新研究提供了新的助力。此后随着大数据、云计算、互联网、物联网以及现在区块链信息技术的发展，人工智能大幅跨越了科学与应用之间的技术鸿沟，诸如图像分类、语音识别、知识问答、人机对弈、无人驾驶等人工智能技术实现了从"不能用、不好用"到"可以用"的技术突破，迎来爆发式增长的新高潮。

那么我国的人工智能发展到什么情况了呢？

习近平总书记多次强调要加快推进新一代人工智能的发展。近年来，中国人工智能产业发展迅速，语音识别和计算机视觉成为国内人工智能市场最成熟的两个领域。同时，我国现今也在将人工智能与大数据、物联网以及区块链技术进行联动发展研究，让互联网更好地为我们的生活便利服务，从而真正迈进智能时代。

知史明智

而今，我们都知道我们进入了一个信息时代，一条消息在短短几秒之内就可以传遍全世界的时代，在这样的时代，发展和跟上社会脚步已成每一个国家稳立于世界之林的第一要义。

虽然《三体》带给我们的隐忧不可忽视，但是我们也知道人的大脑是一个通用的智能系统，我们可以看、听、读、写以及思考，可谓"一脑万用"。真正意义上的完备的人工智能系统应该是一个通用的智能系统，而通用人工智能领域的研究的总体发展水平仍处于起步阶段。虽然当前的人工智能系统在基本的信息处理方面进步显著，但是在概念抽象和推理决策等"深层智能"方面的能力依旧没有突破。我们应该明白，人工智能依旧存在明显的局限性，依然还有很多"不能"，与人类智慧还相差甚远。

网事拾遗

你认识苹果智能语音助手 siri 吗？你有呼叫过"小度小度"吗？你知道 Vivoice 语音助手吗？其实他们都是最简单的语言类聊天机器人。我们可以和它们聊天，与它们玩成语接龙，让它们播放音乐，甚至还可以向它们发出提问，而这类机器人也将竭尽所能地为我们服务。

可是你知道早期的聊天机器人的来历吗？

世界上最早的聊天机器人诞生于 20 世纪 80 年代，这款机器人名为"阿尔贝特"，用 BASIC 语言编写而成。研发者把自己感兴趣的回答录入数据库中，当一个问题被抛给聊天机器人时，它通过算法从数据库中找到最贴切的答案，回复给它的聊伴。

研发者将大量网络流行语言加入词库，当你发送的词组和句子被词库识别后，程序将通过算法把预先设定好的答案回复给你。因为这样新奇的方式，我们总想试探这个聊天机器人会给我们多少种不同的回复，这在当时引发了一阵狂潮。而词库的丰富程度、回复的速度，是一个聊天机器人能不能得到大众喜欢的重要因素。可是伴随着人们新鲜度的消失，能够预测的回答就不能满足大众的好奇心理了，中规中矩的话语也不会引起人们共鸣。

可是你以为聊天机器人被淘汰了吗？

其实没有，这样简易的聊天机器人依旧广泛存在于我们的生活中。我们会给 10086 打电话，每次通话后都会有一段电脑提示音，查询话费，或者查询流量以及业务办理，每一个对应的功能都有不同的指示按键。当我们使用购物网站买东西的时候，想知道发货时间或者发货的快递信息时，只需要点开客服，输入发货时间或者快递单号，这样的关键词就能够让我们迅速快捷地得到店家早已经设置好的回复，不仅节约了商户对面同一问题进行反复回答的时间，同时减缓了用户询问等待时的不耐烦情绪，在一定程度上提高了商户的成交量。

历史回声

你如果出色地完成了某件事，那你应该再做一些其他的精彩的事。不要在前一件事上徘徊太久，想想接下来该做什么。

——苹果公司创始人　史蒂夫·乔布斯

并不是每个人都需要种植自己的粮食，也不是每个人都需要做自己穿的衣服，我们说着别人发明的语言，使用别人发明的数学……我们一直在使用别人的成果。使用人类的已有经验和知识来进行发明创造是一件很了不起的事情。

——苹果公司创始人　史蒂夫·乔布斯

活着就是为了改变世界，难道还有其他原因吗？

——苹果公司创始人　史蒂夫·乔布斯

第六章　未来已来

第四节　互联网不能做什么

　　"未来已来，只是尚未流行。"这是科幻作家威廉·吉布森被广为流传的名句。而我们的未来会怎样，人类科学会发展到哪种程度，科幻电影可能提供答案。也许，你会认为科幻电影太偏向于幻想，不够严谨；但如果回到科学发展的时间长河中去看，那些已经在现实中出现的科技产品往往最先在科幻影视作品中出现。科幻作品往往会引发社会对这一领域的关注，启发科研人员和科技从业者将幻想变成现实。

　　比如，1968 年的科幻电影《2001 太空漫游》中最引人注目的就是高智能电脑"HAL9000"，这不由得让我们想起前面提到的 AlphaGo。又如 2013 年在科幻电影《她》中，主人公西奥多与人工智能系统萨曼莎相爱；而在 2015 年，日本丰桥技术科学大学和京都大学的联合研究发现了人类对机器人产生人类感情的神经生理的证据。

　　2018 年 3 月 30 日，中国上映一部院线电影《头号玩家》。这部电影以未来的互联网为大背景，讲述了 2045 年，由于现实生活无趣，无数年轻人迷失在一款超级火爆的游戏《绿洲》的世界里。处于混乱和崩溃边缘的 2045 年的人们将救赎自己的希望寄托于《绿洲》——一个由鬼才詹姆斯·哈利迪一手打造的虚拟现实世界。哈利迪在弥留之际，宣布会将巨额财产留给第一个发现他在游戏中藏匿的彩蛋的人，自此引发了一场全世界范围内的竞争。平平无奇的玩家韦德也决定参赛，却发现自己踏上的是一条虚实结合、神秘凶险的寻宝之旅。在中文预告片中密集展现了令人目不暇接的未来场景，包括虚拟现实游戏中恢宏变幻的城市、男女主角浪漫华丽的凌空共舞、紧张刺激的极速飙车等。同时定档海报则以男女主角为首的众主演围绕金光闪闪的"彩蛋"呈现。这些都呼应了身处虚拟世界"玩转未来，无所不能"的奇思妙想。

正是因为我们拥有无限的想象力，才让科幻走进现实；也正是由于这些电影的横空出世，我们对互联网可能实现的未来有了进一步认知，也有了更多的期待。期待的同时我们也应该明白数字虚拟现实和真实世界的区别，我们在利用互联网带来的便利的同时，也应该知道互联网的边界在哪里。

溯源揽胜

互联网给我们带来了很多便利，可是，互联网不能为我们做什么呢？我们的科学家也在努力寻找着。

最近几年火爆的虚拟现实技术（VR）主要包括模拟环境、多感知、自然技能和传感设备等方面。模拟环境是由计算机生成的、实时的、动态的三维立体逼真图像。多感知是指理想的 VR 应该具有一切人所具有的感知。除计算机图形技术所生成的视觉感知外，还有听觉、触觉、动觉等感知，甚至还包括嗅觉和味觉等。自然技能是指人的头部转动，眼睛、手势或其他人体行为动作，计算机处理与参与者的动作相适应的数据，对用户的输入做出实时响应，并分别反馈给用户。

其实早在 1963 年以前，人们就已经开始了对虚拟现实技术的探寻，最初人们只研究了声形动态的模拟，这为后期的虚拟现实技术奠定了一定的思想基础。1963 年到 1972 年是虚拟现实的萌芽期。1973 年到 1989 年间，逐渐有学者提出虚拟现实的概念以及相关理论，这标志着虚拟现实理论的初步形成。而 1990 年至今，我们处在将虚拟现实理论进一步完

善和应用的阶段。

在第二届世界互联网大会上，其中一款由中国制造，也是全球第一款已经量产的 VR 一体机——Simlens VR 眼镜惊艳亮相，让各大互联网公司都为之惊讶。这款 VR 一体机摆脱了以个人电脑和手机作为主机的各种限制，在等候场所、交通工具、私密空间等移动的使用场景上具有更加真实的体验。

同时，许多科学家预测，互联网的未来属于 VR+AR（增强现实）。

这样的场景大致可以这样描述，AR 是指所有的虚拟信息都可以叠加在日常生活的真实信息中，为我们的每一个决定或经验创造以前不可想象的体验。而我们使用 VR（虚拟现实）技术，就可以进入信息的洪流，去看尽山川、赏尽红花，我们像是身临其境一样。

OMG!

知史
明智

曾在网上看到这样一个问答："什么时候，你觉得自己最孤独？"点赞量最多的是："翻遍了手机里的电话本，却不知道该打给谁。"

互联网简史：网络的前世今生

随着互联网的快速发展，打电话成了最少见的社交交流方式，我们更多的是发微信，聊 QQ，逛微博。因此这个问题在当下这个时代又有了最新的解答："翻遍了手机里的社交软件，目睹了热闹是他们的事。"

我们不得不承认，网络让我们足不出户就能知天下事，网络让我们离世界更近，但是网络让"我们"越来越远。

当我们习惯性地在吃饭时先拍照，却忘记了全心品尝美味；当我们沉醉于微信朋友圈晒自己的日常而看重照片美不美时，玩得好不好就被忽视了；当我们执着于每条朋友圈的点赞，热情地评论互动时，却忘记了人和人之间面对面的交往才是社交的重要意义。现今流行的微录是一种以影像代替文字或相片，并将其上传于网络中与网友分享的记录方式，很难想象，我们也许会对一个冰冷的镜头喋喋不休，却很难对身处我们周围的生机勃勃的人说出一句"你好"。

网络技术的发展替代不了我们的情感思维，情感的真实互动是不能也不会被技术替代的。因此，在万物互联、信息共享的未来，人类应该秉持最真实的秉性，而不是被互联网营造的虚拟世界绑架。

你知道吗，互联网还有许多你不知道的冷知识呢。比如世界上第一个网站是蒂姆·伯纳斯·李建立的，它的地址是 http://info.cern.ch/，它于 1991 年 8 月 6 日连网，而这个网站解释了万维网是什么，如何使用网页浏览器和如何建立一个网页服务器等。

你会不会觉得网络游戏是在互联网蓬勃发展后才出现的？其实不是。网络游戏的兴起可以追溯到 20 世纪 60 年代末。1969 年，一名叫瑞克·布罗米的美国人为 PLATO 远程教学系统编写了一款名为"太空大战"的游戏，该游戏以诞生于麻省理工学院的第一款电脑游戏《太空大战》为蓝本，可以支持两人远程连线。可以说，《太空大战》是现在所有形形色色、品种繁多的网络游戏的鼻祖和雏形。

你知道电脑键盘上的 Enter 键为什么叫"回车"吗？其实在电脑出现之前，键盘就已经问世了，那个时候的键盘其实就是机械打字机。使用机械打字机的时候，每按下一个字母，一个叫"字车"的部件就会往后跳一格，免得下一个字打出来覆盖了刚刚打出来的字，而回车键就是用来将字车还原到初始位置的。

历史
回声 ···

我们愿意做我们力所能及的任何事情，给新一代技术领导者提供他们所需的知识和工具，让他们充分利用软件的神奇力量来改善生活、解决问题和促进经济增长。

——微软公司创始人　比尔·盖茨

网络的形式将成为贯穿一切事物的形式，正如工业组织的形式是工业社会贯穿一切的形式一样。网络形式是一种社会形式，而非技术形式。没有网络，科技无从存在。这就是我所说的网络社会。

——洛杉矶南加州大学教授　曼纽尔·卡斯特尔

我们通过结合把自己变为一种新的更强大的物种，互联网重新定义了人类对自身存在的目的及在生活中所扮演的角色。

——《连线》杂志创办者　凯文·凯利

后　记

互联网是人类科技的一次重大飞跃，作为一部互联网科普读物，本书图文并茂地介绍了互联网的简史，试图将"互联网"以一个文明的概念呈现于青少年读者面前，旨在激发青少年对科学的探索热情，增进其对互联网科技和互联网文化的了解，同时提高青少年的网络素养和民族自信心，帮助他们扣好"互联网外套"的"第一颗扣子"。

本书由重庆城市管理职业学院张成琳，重庆工商大学文学与新闻学院新闻传播学研究生张又川、彭婧雯编撰；重庆工商大学文学与新闻学院院长王仕勇教授在写作过程中进行了全程指导；西南师范大学出版社雷刚编辑拟定提纲。本书围绕互联网的发展脉络和轨迹展开，共六章。具体撰写工作分配如下：写给青少年的一封信，第一章，第二章第三节，第三章及后记由张成琳完成；第二章第一、第四节，第五章，第六章第一、第二节由张又川完成；第二章第二节，第四章，第六章第三、第四节由彭婧雯完成。王仕勇教授负责对全书的写作方向和框架进行把握和指导，张成琳负责统稿和修改工作。西南师范大学出版社的郑持军社长、雷刚编辑对本书的撰写及修改提供了诸多宝贵意见。

在写作过程中，我们参考了互联网发展史的相关书籍，尤其是吴军老师所著的《文明之光》，以及央视纪录片《互联网时代》同名图书。书中的一些术语解释和有关网络技术的讨论等引用了专家、学者的观点，相关机构的报告以及网络资料。在此，我们对上述文献资料的作者和机构表示诚挚感谢。

互联网的诞生和发展是科学家们的集体结晶，是人类智慧的整体呈现，也是各种先进技术和理论的集成者。因写作篇幅有限以及写作者经验与能力的不足，本书未能对互联网发展的进程面面俱到，也难以对相关科学技术和理论进行抽丝剥茧式的探讨，希望读者们能在阅读本书的基础上进行延伸，不断拓展互联网历史知识，也敬请各位读者对本书的不足之处批评指正！

编者于重庆工商大学

2020 年 12 月